世界名猫
鉴赏与驯养

张春红 主编

黑龙江科学技术出版社
HEILONGJIANG SCIENCE AND TECHNOLOGY PRESS

图书在版编目（ＣＩＰ）数据

世界名猫鉴赏与驯养 / 张春红主编. — 哈尔滨：
黑龙江科学技术出版社，2017.8
ISBN 978-7-5388-9192-8

Ⅰ. ①世… Ⅱ. ①张… Ⅲ. ①猫－鉴赏－图集②猫－
驯养－图集 Ⅳ. ①S829.3-64

中国版本图书馆CIP数据核字(2017)第089615号

世界名猫鉴赏与驯养
SHIJIE MINGMAO JIANSHANG YU XUNYANG

主　　编	张春红
责任编辑	徐　洋
摄影摄像	深圳市金版文化发展股份有限公司
策划编辑	深圳市金版文化发展股份有限公司
封面设计	深圳市金版文化发展股份有限公司
出　　版	黑龙江科学技术出版社
	地址：哈尔滨市南岗区公安街70-2号　邮编：150001
	电话：（0451）53642106　传真：（0451）53642143
	网址：www.lkcbs.cn　www.lkpub.cn
发　　行	全国新华书店
印　　刷	深圳市雅佳图印刷有限公司
开　　本	723 mm×1020 mm　1/16
印　　张	14
字　　数	220千字
版　　次	2017年8月第1版
印　　次	2017年8月第1次印刷
书　　号	ISBN 978-7-5388-9192-8
定　　价	39.80元

序

　　如果你只是喜欢猫，那么，去养猫的朋友家，抱抱他的猫，和猫游戏片刻，你的欲望就可以立刻得到满足。但是，如果你要自己养只猫，你面对的将是饲养一条生命，这意味着你需要承担更多的责任，需要具备更严肃的态度及足够的耐心、细心和信心去好好照顾这个与你一样尊贵的生命。你每天要花很多时间去照顾它的饮食起居，时时刻刻都要担心它的身体健康，出门在外还要挂念它的安全等，简直就像为自己找一个负担一样，那么，你是否有足够的爱心和耐心来承受这个甜蜜的负担呢？在你决定饲养一只猫前，这些都是需要经过深思熟虑的。如果你坚信有照顾这个生命一生的勇气和耐心，如果你的经济负担足够提供舒适的生活给它，那么，恭喜你，你可以去尝试饲养一只猫了。当然，当你决定把猫带回家之前，还有很多的工作要做，你需要对猫——这个即将融入你生活中的生命，做一个透彻而全面性的了解。

目录

猫是非常迷人的动物，可以表现得非常热情，也可以像闭目沉思的哲学家一样严肃。那么，到底猫和人类的关系应该如何建立呢？

PART 04
分析猫的行为与思维

PART 05
猫的医疗与照护

PART 06
猫咪大哉问

PART　01

认识猫的
必备基础知识

猫有着外型鲜明的特色和异常独立的个性，喜爱独自眯着眼睛晒太阳，胜于依偎黏腻在主人身边。当它撒娇地跑到主人身边，人们往往无法抗拒它那甜蜜可爱的模样。本章节将带读者了解猫的基本常识。

猫咪种类大分析

    猫的种类有很多，中国最著名的有狸花猫，国外有布偶猫、波斯猫、缅因猫、曼克斯猫、英国短尾猫、俄国蓝猫、孟买猫、欧西猫、苏格兰折耳猫、塞尔特猫、泰国猫、新拉普猫、美国短毛猫等。喜欢猫咪，不代表你已经准备好与一只猫朝夕相处，饲养宠物绝对不可凭一时冲动，需就环境、心理、经济等多方面做谨慎的评估，这样对主人、宠物才是最好的选择。如果你下定决心，做好了养猫的准备，那么请立刻行动，选择一只适合自己的可爱猫咪，带它回家吧！

POINT 温顺好静、对人友善

美丽优雅的布偶猫

布偶猫，发源于美国，又称"布拉多尔猫"，是一种杂交品种。它是现存体型最大、体重最重的猫类之一。头呈楔形，眼大而圆，被毛丰厚，四肢较长且富有肉感，尾长，身体柔软，毛色有重点色、手套色或双色等。布偶猫较为温顺好静，对人友善。因其美丽优雅又非常类似于狗的性格而又被称为"仙女猫""小狗猫"。特殊的外貌和温和的性格是布偶猫最大的特点之一。布偶猫的体毛属于中长型，不会缠结在一起，质地柔滑。它的尾巴蓬松，颈部通常带"围脖"，而臀部的体毛也比较长。定期梳理毛发会让布偶猫感到十分舒服。

POINT 温文尔雅、聪明敏捷
人造猫金吉拉

　　金吉拉是由波斯猫经过人为刻意培育而成，养猫界俗称"人造猫"。金吉拉四肢较短，体态比波斯猫稍娇小但显得更灵巧。金吉拉全身都是浓密而有光泽的毛，在欧美等国家的金吉拉猫以单色系较为普遍，经过多年的人工培育，目前色系已衍生出许多样。金吉拉猫于1894年首次被作为一个独立的品种出现在英国水晶宫猫展上。它们是猫中贵族，其性情温文尔雅，聪明敏捷，善解人意，少动好静，叫声尖细柔美，爱撒娇，举止风度翩翩，天生一副娇生惯养之态，给人一种华丽高贵的感觉。历来深受世界各地爱猫人士的宠爱，是长毛猫的代表。

POINT 性格平和、感情丰富
优秀猎手苏格兰折耳猫

　　苏格兰折耳猫是一种在耳朵有基因突变的猫种。由于此猫种最初在苏格兰发现，所以以它的发现地和身体特征而命名。这种猫在耳部软骨部分有一个折，使耳朵向前屈折，并指向头的前方。也正因如此，这种猫患有先天骨科疾病，时常用坐立的姿势来缓解痛苦。它乐意与人为伴，并用它特有的这种安宁的方式来表达。苏格兰折耳猫性格平和，对其他的猫和狗很友好。温柔，感情丰富，有爱心，很贪玩，非常珍惜家庭生活。它们的声音很柔和。生命力顽强，也是优秀的猎手。必须特别留心它的耳部，为了防止耳骨变形，两只折耳猫不能交配繁殖。

POINT 温文尔雅、叫声悦耳

蓝眼睛伯曼猫

　　据传，伯曼猫最早被缅甸圣僧所饲养。不过事实上，伯曼猫最早在法国被确定为固定品种，紧接着在英国也注册了这一品种。伯曼猫属于中型猫，有且仅有重点色块，肌肉结实，四肢中等长度，脚爪大而圆。伯曼猫脸部较窄，脸、耳朵、头和尾巴间的颜色形成对比。颇有特色的是伯曼猫的四肢末端为白色，被称为四肢踏雪，使它更加高贵。前肢的白色被称为手套，后肢的白色则被称为蕾丝，蕾丝的部位延伸得很长。伯曼猫的眼睛为得天独厚的蓝宝石眸子。伯曼猫温文尔雅，非常友善，叫声悦耳，喜欢与人作伴，对其他猫也十分友好。

POINT 性格聪明、喜欢玩耍

光滑的土耳其梵猫

　　土耳其梵猫是土耳其国宝，起源于土耳其的梵湖地区，是由土耳其安哥拉猫突变而成的，严格地说算是安哥拉猫的一个品系。土耳其梵猫，体型为长型且结实，中长度长毛，被毛白而发亮，毛质如同丝绸般十分光滑。全身除头耳部和尾部有乳黄色或浅褐色的斑纹外，没有一根杂毛，外表极为美丽和可爱。头部呈宽广的楔形，耳朵小，眼睛为大型椭圆形。双眼通常琥珀色或蓝色，或是两者的组合。一如其他的猫因白化基因影响，蓝色眼睛那边的耳朵容易产生听觉障碍。土耳其梵猫性格聪明、机敏、活泼，喜欢玩耍、攀爬。它叫声甜美悦耳、对人友善，是极适宜家庭饲养的优良品种。

擅长捉老鼠的中国狸花猫

中国是狸花猫的源产地。它属于自然猫，因为是在千百年中经过许多品种的自然淘汰而保留下来的品种，最为人所熟知的便是"狸猫换太子"。这也是能够找到的最早有关于狸花猫的记录了。它受人们喜欢，是因为它有非常漂亮的皮毛和健康的身体，特别容易喂养，对捕捉老鼠也是十分地在行。狸花猫有非常适中的身材，不但有很宽的胸腔，还很深、厚。四肢同尾巴一样，长度适中，并且强健，具有发达的肌肉。狸花猫有独立的性格，爱好运动，非常开朗，如果周围的环境出现了改变，那它会表现得十分敏感。它对主人的依赖性非常高，如果给它换了个主人，它的心理会受到伤害。

POINT 安静有力、声音柔和
长毛西伯利亚森林猫

　　西伯利亚森林猫简称西伯利亚猫。与该猫有关的最早的文字记录出现于 11 世纪。它们是俄国市场和西伯利亚乡下非常普通的猫。西伯利亚森林猫由于生活在自然环境苛刻的国家，所以全身上下都被长长的被毛所覆盖，就连颈部周围都有一圈厚厚的毛领子。它们外层护毛质硬、光滑且呈油性，底层绒毛浓密厚实，这才得以抵抗西伯利亚地区的严寒。这些大型猫表现得安静而有力，它们也颇为活跃。尽管个性很强，它们对其他的猫非常友好。它们贪玩，和孩子相处甚欢；感情丰富，对主人非常依恋；声音柔和。

POINT 体态可爱、天真淘气

会向主人撒娇的美国卷耳猫

　　美国卷耳猫，为猫科的新品种，是 1991 年刚得到公认的新品种，分为长短毛两类。美国卷耳猫毛质手感柔和，毛色富于变化。性格聪明伶俐，动作敏捷，非常黏人，但又温和单纯，兼具警戒和活泼的特点，极易得到饲主的喜爱。卷耳猫的耳尖外侧因基因突变而天生外翘，左右两耳间隔大，长在脑袋两端。美国卷耳猫的后代有一半能拥有这样一双耳朵，比例很小。这种猫不仅体态可爱而且总能保持小猫时的天真淘气，会向主人撒娇，是公认的较易饲养的猫。

POINT 脾气好、性格温和
不会乱发脾气的美国短毛猫

美国短毛猫是原产美国的一种猫，其祖先为欧洲早期移民带到北美的猫种，与英国短毛猫和欧洲短毛猫同类。该品种的猫是从街头巷尾收集来的猫当中选种，并和进口品种猫如英国短毛猫、缅甸猫和波斯猫杂交培育而成。被毛厚密，毛色多达 30 余种，其中银色条纹品种尤为名贵。美国短毛猫遗传了其祖先的健壮、勇敢和脾气好，性格温和，不会因为环境或心情的改变而改变。它充满耐性、和蔼可亲，不会乱发脾气，不喜欢乱吵乱叫，适合有小孩子的家庭饲养。另外，美国短毛猫抵抗力较强。

扁平鼻子异国短毛猫

异国短毛猫是一个很完美的品种，经过了多年的品种改良，它依然保持着与波斯猫十分相像的性格。样貌酷似波斯猫的异国短毛猫，唯一与波斯猫不同之处就是其毛质是短而厚及呈毛绒状。理想的异国短毛猫应是骨骼强壮，身材均称，线条柔软及圆润。它像波斯猫一样文静，与人亲近，又像美国短毛猫一样顽皮机灵。它们的性情独立，不爱吵闹，喜欢注视主人却不会前去骚扰，大多数时间会自寻乐趣。另一方面，它们也拥有强烈的好奇心，活泼且聪明伶俐，不会神经过敏，马上就能适应新环境，因而很容易饲养。不过，因为异国短毛猫和波斯猫一样有个扁平的鼻子，所以容易有发炎的毛病，因此要经常为它清理脸部。

POINT 性格倔强、勇敢机灵
喜欢独处的缅因猫

　　缅因猫因原产于美国缅因州而得名，是北美自然产生的第一个长毛品种，约于 18 世纪中叶形成较稳定品种。缅因猫体格强壮，被毛厚密，长像与西伯利亚森林猫相似，在猫类中亦属大体型的品种。中间脸型，耳位高，耳朵大，眼间距较宽，脑门上有 M 型虎斑。缅因猫性格倔强，勇敢机灵，喜欢独处，但能与人很好相处，是良好的宠物。它睡觉的习惯很特别，喜欢睡在最偏僻古怪的地方。有人提出一种理论来解释这种习性，说它的祖先农场猫习惯睡在高低不平的地方。缅因猫另一不同寻常的特点是，它能发出像小鸟般唧唧的轻叫声，非常动听。

POINT 感情专一、忠诚度高
酷似花豹的欧西猫

在美洲大陆中央地区，有一种被毛有美丽斑点的豹猫，它的英文名字为 Ocellette。欧西猫因外观与豹猫相似而得名，实际上它是以阿比西尼亚猫为基础，与暹罗猫、美国短毛猫交配经人工培育的品种。欧西猫体型类似于阿比西尼亚猫，其体型健壮、偏大；身体较长，胸幅宽广，骨骼坚硬，肌肉强韧，四肢有力。毛质细而有光泽，紧贴身体，一根一根清楚可辨。欧西猫浑身的斑纹酷似花豹，毛色清楚，有光泽。欧西猫尽管外形看似野猫，但非常友好，温柔，感情丰富，不能忍受孤独。欧西猫对主人忠诚，感情专一，这一点像暹罗猫，很喜欢孩子，但对其他猫很专横。

三种颜色的米克斯猫

　　米克斯猫也叫三花猫。这是一种对颜色的统称，猫咪毛色是由父母的基因决定的，三花的颜色不局限出现在某一个品种上。控制三花毛色的基因是和控制性别的基因联系在一起的，称为"性联基因"。绝大多数三花猫都是母猫，公猫不能遗传父亲的颜色，母猫一定从父母身上各遗传一个颜色。忽略白色，公猫一定是单色的；母猫一定是单色或双色的。所以说，当一只猫咪的母亲为双色，再加上白色的基因，就有可能成为三花猫。三色猫是身上有三种颜色的猫，黑色、橘色与白色，三种色掺杂在身上。在日本雄性三色猫因为稀少的缘故，而被视为一种幸运的象征。三花猫喜欢亲近人并撒娇，最能适应环境。

POINT 性格刚烈、忠心耿耿
好奇心特强的暹罗猫

　　暹罗猫是世界著名的短毛猫，也是短毛猫的代表品种。种族原产于暹罗（今泰国），故名暹罗猫。在两百多年前，这种珍贵的猫仅在泰国的皇宫和大寺院中饲养，是足不出户的贵族。作为一种著名的宠物猫，暹罗猫能够较好适应主人当地的气候，且性格刚烈好动，机智灵活，好奇心特强，善解人意。暹罗猫喜欢与人为伴，可用皮带拴着带其散步。它需要主人不断的爱抚和关心，对主人忠心耿耿、感情深厚，如果强制与主人分开，则可能会抑郁而死。暹罗猫还十分聪明，能很快学会翻筋斗、叼回抛物等技巧。暹罗猫的叫声独特，像小孩的啼哭声，而且声音很大。

讨人喜爱的波斯猫

　　波斯猫是最常见的长毛猫。它是以阿富汗的土种长毛猫和土耳其的安哥拉长毛猫为基础，在英国经过 100 多年的选种繁殖，于 1860 年诞生的一个品种。波斯猫有一张讨人喜爱的面庞，长而华丽的背毛，优雅的举止，故有"猫中王子""王妃"之称，是世界上爱猫者最喜欢的一种纯种猫，占有极其重要的地位。波斯猫温文尔雅，反应灵敏，善解人意，少动好静，气质高贵华丽。叫声纤细动听，适应环境能力强。但夏天讨厌人抱，喜欢独自睡在地板上。颇为高傲的一种猫，时常让主人觉得不是自己养它，而是亲爱的波斯猫养了一只主人。

优雅的英国短毛猫

　　英国短毛猫简称"英短"，动画片《Tom and Jerry 》（即《猫和老鼠》）里面的
Tom 就是用英短作为原型创造的。在英国本地很早就获得认可，1901 年还出现其猫种之
理想形象。1970 年，毛色和外型都开始改变。体型越来越小，毛色的种类也变得丰富，所
有的改变都朝向优雅的风格。它大胆好奇，但非常温柔，适应能力也很强，不会因为环境
的改变而改变，也不会乱发脾气，更不会乱叫。它只会尽量爬到比较高的地方，低着头瞪
着那双圆圆的大眼睛面带微笑地俯视着你，就好像《爱丽丝梦游仙境》中提到的那只叫作
"路易斯"的猫一样，不用语言，只用那可爱的面部表情就抓住了你的心，再也无法改变
你对它的爱。

POINT 聪颖好玩、害羞腼腆
贵族俄罗斯蓝猫

　　俄罗斯蓝猫是宠物猫的品种之一，别名阿克汉格蓝猫。过去该类猫种的毛色只有蓝色，20世纪70年代培育出黑白毛色的俄罗斯蓝猫，但纯种的俄罗斯蓝猫毛色还是呈现中等深度的灰蓝色，这在猫类的毛色中并不常见，所以常被视作一种贵族猫。俄罗斯蓝猫的起名来由源于身上蓝色间杂银色渐层的毛发，而且最被世人所知的就是天性中与生俱来的聪颖与好玩，以及在陌生人面前害羞腼腆的个性。由于俄罗斯蓝猫的个性与特殊的银蓝毛色，常使它们在人群中颇为吃香，并与周遭喜爱它们的人们发展出极亲密的情感。

POINT 个性温驯、稳重好静

运动选手孟买猫

　　孟买猫是一个现代品种，在 1958 年由美国育种学家用缅甸猫（黑韶猫）和美国的黑色短毛猫杂交培育而成。由于其外貌酷似印度豹，故以印度的都市孟买命名。孟买猫全身黑色短毛，骨骼粗壮，肌肉发达而灵敏，头型浑圆无棱角，鼻子较尖，眼睛明亮。孟买猫个性温驯柔和，稳重好静，然而它不惧怕生面孔，感情丰富，很喜欢和人亲热，被人搂抱时喉咙会不停地发出满足的呼噜声。所以这种漂亮的黑色小猫深受人们喜爱，是人类的好伙伴。另外，孟买猫聪明伶俐，反应灵敏，叫声轻柔，有时略有些顽皮。孟买猫是运动型的猫，其性格贪玩，好奇，然而有自控力，捕猎能力很强。

POINT　形体适中、肌肉发达
小型豹埃及猫

　　埃及猫是点状虎斑种猫中唯一不以人工繁殖，而是自然形成点状花纹的猫种，被誉为"小型豹"，身上的点状花纹或大或小随意分布，脸、四肢和尾巴有条纹图案。额头的眉宇之间有一个圣甲虫图案。埃及猫原产于埃及，是一个古老的品种，在古埃及被奉为神猫。埃及猫形体适中，肌肉发达。埃及猫，尤其是纯种，对其他品种的陌生猫都不大友善。它们会非常凶猛地攻击入侵的猫，亦会极敏锐地躲避陌生的人类。因此，埃及猫并不适合住在公寓或经常有客人的家庭。埃及猫机敏灵活，不喜欢剧烈活动。

POINT 性格温和、善解人意
喜欢玩水的索马里猫

　　索马里猫，原产地应该是在非洲。据说，索马里猫是 1967 年由纯种的阿比西尼亚猫突变产生出来的长毛猫，经过有计划繁殖而形成的品种。在欧美等国经过繁衍培育，分别有 4 个品种，至 1983 年才得到英国猫协会的认可，1991 年在英国猫迷管理委员会夺得冠军地位。索马里猫十分聪明，性格温和，善解人意。可以像猴子般横行，而抓食物或东西的方式也像猴子一样。大部分的索马里猫都懂得开水龙头，因为它们都喜欢玩水。它那绷紧的肌肉和严肃的脸给人一种非常野性的感觉，它的运动神经极为发达，因而动作敏捷，喜欢自由活动，叫声也特别的清澈响亮，因而不适合养在公寓里。

绅士哈瓦那猫

哈瓦那猫是 20 世纪 50 年代由英国人工培育出来的新品种，具有暹罗猫纤细优雅的体形，眼睛为杏仁形，呈绿色。由于其体毛、胡须、鼻子都是褐色的，与古巴著名的哈瓦那雪茄烟颜色一样，因而取名为哈瓦那猫，意为雪茄烟色猫。体形苗条、柔软，肌肉有跃跃跳动的感觉；四肢细长，前肢比后肢略短；脚爪小，为椭圆形；头部呈楔形，鼻子短直；耳朵很大，稍向前倾，其前端略带圆状，尾巴中等长度呈锥形。哈瓦那猫富有活力，非常爱玩，热情含蓄，一派绅士风度；恋家，对人亲切，但是要求人给予格外关注；叫声殷勤，母子猫之间总是说个不停，母猫对子女尽心尽力。

猫咪的
独特生理特征

　　猫最吸引人的并不是它的性格有多温顺，而是因为其百变而神祕的面貌。不管是生活方面还是思考方面，猫总是能以其与众不同的个性，深深吸引着人们的目光。尽管很多人都和猫打过交道，甚至整天和它们生活在一起，但可能对猫的生理特征都不具备全盘的了解，其实了解猫的生理结构或一些特征，是养好猫的首要条件之一。只有深入而透彻地了解猫的生理结构及特征，才能跟它好好相处。

猫的生理指标

　　主人必须了解和熟悉猫的一些生理指标，以便能更好地掌握猫的健康状况，以及对猫进行调教和管教。猫的平均寿命大约为 13 岁，有文献纪录最长寿的猫活到了 30 岁。猫的性成熟年龄为 7 ~ 14 月，其中短毛猫较早，长毛猫较迟；平均性周期 14 天，发情期 1 ~ 6 天，最长为 14 天。猫比较适合的繁殖年龄在 10 ~ 18 个月时，平均妊娠期 63 天（60 ~ 68 天），产子数 4 只（1 ~ 6 只，高产的纪录是 13 只），哺乳期 2 个月左右。猫的正常体温（肛门探测）为 39℃，介于 38 ~ 39.5℃；呼吸频率为 20 ~ 30 次 / 分钟；心跳频率，幼龄猫的为 130 ~ 140 次 / 分钟，成年猫的为 100 ~ 120 次 / 分钟。

猫的生理指标

　　触觉主要是通过被毛及皮肤来感受触压的轻重、冷热和疼痛。猫特殊的触觉感知处有鼻端、前爪、胡须及皮肤等部位，无毛的鼻端和前爪特别敏感。猫常用鼻端去感触物体的温度和小块食物，并借助舌头的帮助来分辨食物的味道和气味，以便选择适合自己口味的食物。前爪常用来感触不熟悉物体的性质、大小、形状和距离。人们时常可以看到猫伸出一只前爪，轻轻地拍打物体，然后把它紧紧地触压，最后才用鼻子贴紧物体进行嗅闻检查。前爪还能感知颤动，甚至能通过前爪像耳朵一样听声音，正因为这样，猫特别害怕对它爪底的震动。

　　胡须是猫的触觉器官中最敏感的一个。长在嘴唇上端的胡须，稍微碰到物体即有反应，因此有人把它比作蜗牛的触角。当猫在黑暗处或狭窄的道路上走动时，胡须具有雷达的作用，能很快感觉到眼睛看不见的东西，它微微地抽动胡须，借以探测道路的宽窄，并能马上采取行动，避开或追捕所感觉到的物体，便于准确无误地自由活动。许多科学家认为，在黑暗里，猫的胡须是通过空气中轻微压力的变化来识别和感知物体的，是作为视觉感官的补充。

所需营养素

　　成年猫所需食物每天约 70 克（干猫粮）。猫的生长发育与其他哺乳动物大致相同，摄取食物的形态有所不同，它需要的营养主要包括蛋白质、糖类、脂肪、维生素、矿物质和水等 6 大营养要素。因此在饲养猫时，需要对猫进行科学地饲养，均衡而合理地调整饮食，以确保猫的饮食确实达到营养需求。

　　胡须对猫而言，是极为重要的触觉器官，若将其胡须剪掉，将会妨碍猫的捕猎本领，尤其是在黑暗的夜里更为严重，而且猫的睫毛也有类似的作用。如果将猫的胡须拔除，在某些时候是会影响其行动的，一般认为胡须突出的宽度约为猫身宽度，这使得猫在跟踪猎物时可以粗略估算距离，使身体可以经过而不碰触到周遭的事物，或避免因碰触而发出声响。另外某些研究推测，猫行进在黑暗中或跳跃时会将胡须朝下弯曲，用来侦测整趟路程出现的障碍，如巅簸的路面、石头或坑洞等，即便以最快的逃命速度前进也不会受到任何阻碍，因为胡须所侦测到的讯息会立即让身体改变方向而躲过障碍。

　　此外，猫前肢腕关节背部的毛，触觉特别敏感，因此它的前肢常用来抓捕猎物；皮肤则有冷暖感受器，以便感知周围环境，寻找最温暖的地方睡觉或玩耍。但是，猫的身体对温度感觉相对较差，温度超过 52℃时，它才会感觉到疼痛。

猫的听觉

猫有着非常灵敏的听觉，能听到30～45千赫兹的声音，比狗还要灵敏，这取决于它听觉器官的特殊生理结构。猫的耳朵由外耳、中耳、内耳组成，其鼓膜发达，不仅可以听到清晰的声音，即使在噪声中，也能准确区别距离15～29米和相距1米左右的两种相似声音。

猫对声音的定位功能也很强，如同雷达天线般，它经常全神贯注地搜寻周围声音，并能随着声音方向转动。猫的内耳平衡功能也远比人类强，它能听见两个八度音阶的高频率音，比人能分辨的音域更宽广。猫以其灵敏的听觉，再经一些训练，就能从我们的声音中明白意思。由此可见，猫的耳朵是与我们沟通的最好途径，所以，在和猫相处的日子中，心疼猫的主人们一定要做好对猫耳朵的检查和日常清洁工作，替猫清洁耳朵，除了让耳孔内的空气流通外，还可以避免污染物和耳油积聚而导致耳朵发炎等疾病；检查猫耳朵的疾病，要从日常生活中观察猫的习惯开始，若发觉猫经常抓耳、耳朵出现流脓等现象，即表明耳朵出现毛病了，需要立刻前往兽医院医治。

发出呼噜声的秘密

猫依偎在主人身边睡觉时，常可听到它发出连续的"呼噜"声，很多人都错误地认为这是猫在打呼，其实这是猫的假声带震动时发出的声音。猫喉骨架由甲状软骨和环状软骨组成，喉腔分为三部分，上部是喉前庭，尾缘是假声带，假声带和真声带之间的空腔是喉腔的第二部分，而第三部分是声带和软骨环之间的空腔，十分狭窄，呼噜声就是假声带震动，并通过喉腔共鸣发出的声响。

猫掉毛原因

　　为猫梳理毛发时，经常会发现掉毛情况严重，这时一定要特别注意，掉毛有很多原因，有时是正常现象，有时却是患病征兆。无论是长毛猫，还是短毛猫都会出现掉毛情况，尤其是天气由冷变热时，这是因为猫体内的激素改变了，属于正常的掉毛现象。只要勤于替猫梳洗，不仅可以把正常脱掉的猫毛大致清理干净，还能缩短换毛时间。在掉毛时节为猫梳理时，最好将猫放在户外或是一张塑胶垫上，如此可以更容易地处理跳蚤和皮屑，避免室内成为细菌寄生虫的温床。除了天气变化，营养不良也是猫掉毛的常见原因，喂猫时若没有加入含足量蛋白质的食物，如鱼、肉类，猫就会出现脱毛的现象，甚至会整片整片地脱毛。

猫的生活习性

在所有宠物中，猫是最爱干净的动物。和人类一样，猫有自己独特的生活习性，它们独立自主，生活习惯从不受主人影响。

爱干净与好奇心

猫是非常爱干净的动物，它爱干净，并不是打扮行为，而是一种生理上的需要。在炎热季节为了将多余热量排出体外，猫通常会用舌头将唾液涂抹在皮毛上，借助唾液水分的蒸发来带走身体的热量，起到降温消暑的作用。同时，这样还会刺激皮肤毛囊中皮脂腺的分泌，使毛发更加滋润富光泽，并在脱毛季节促进新毛的生长及防止毛皮中产生寄生虫。

掩盖粪便则是猫的另一项爱洁习惯，源于祖辈流传的生存本领。野猫为防止天敌发现自己踪迹，通常会将粪便掩盖起来，被高度驯养的家猫虽不需如此谨慎，但却保留了这种爱清洁的习性。

猫有极其强烈的好奇心，对身边发生的事情总是持有浓厚的兴趣。当遇到陌生的东西时，它会好奇地用前爪去拨弄一番，以试探并弄清楚究竟，这一点在新生的小猫身上表现得尤其明显。新生小猫总是怀着对陌生环境的好奇心，努力去学习不同方面的东西，对周围的一切事物都感到新奇，经常带着好奇心去接触、玩耍，在过程中它们慢慢长大，也逐渐学会了生存的技能。

食肉及崇尚夜晚

　　猫属于食肉目下的猫科动物，野生猫以肉食为主，鸟、鱼、鼠和大型昆虫等都是捕食目标；家养后，家猫的食物虽然逐渐向杂食方向改变，也会进食米饭和蔬菜等，但还是对鱼、肉类食物情有独钟，而且它们的消化系统还保留着明显的肉食动物特征。因此，主人要视猫的消化生理功能和身体营养需要，注意适当喂一些鱼、肉类食物，保留其猫科动物的习性。猫白天睡懒觉，夜晚则一改白天懒散，精神抖擞地外出觅食、游荡、求偶等。其视力非常敏锐，在光线微弱处及夜晚都能清晰辨物，因此，格外喜爱夜游。最好将喂食时间设在黎明或夜晚，以便猫的进食和消化。

天性爱睡觉

　　除了喜欢夜游外，猫还贪睡。在所有的家养禽畜中，猫的睡眠时间最长，几乎一生中三分之二的时间都在睡觉。猫的睡觉时间会受气候、饥饿程度、发情期和年龄的影响，虽然如此，猫在睡眠时警觉性却很高，只要有点声响，猫的耳朵就会抖动，有人接近的话，立刻会站起来，这与它至今仍然保持着野生时期的警觉和昼伏夜出的习惯有关。猫的很多活动常常都是在夜间进行的，每天的黎明和傍晚是猫最活跃的时候，到了白天，它们就像条件反射一样变得慵懒，大部分时间都花在睡觉上。和人们一起生活的猫睡得较入眠，有些猫甚至会公然敞开肚子睡觉。

猫的行为习性

猫每天除进食、睡觉、玩耍之外，便无所事事，却备受宠爱，因为它有着非常明显的独特行为和习性，让人情不自禁地心生怜爱。

034

POINT　自我主义
独来独往及占有欲强

　　生性孤独、不喜欢群居是猫的一大特点。野猫常常独自流浪，独来独往，过着无拘无束的生活；家猫也保持了这个天性，表现得多疑和孤独，它不需要伙伴，喜欢独自外出活动，而且只愿意做自己喜欢的事情。所以，要与猫和平相处，得先充分了解猫的这一特性，在适当的时候给它自由的空间吧！

　　一旦猎物出现，就会迅速出击擒取猎物，以免被其他猫从中夺取，这是猫自私的表现。猫还具有强烈的占有欲，对食物、领地、主人的宠爱等，都不愿意和同伴或其他动物分享。在与主人一起生活的过程中，它会对主人家庭及其周围环境建立一个属于自己的领地，绝对不允许其他猫进入自己划定的范围，甚至在家中生活时间较长的猫，不但会嫉妒同类，有时候还会对家庭中小主人宝宝的出现产生不满和嫉妒，并寻找机会发泄这种不满的情绪。

　　猫的性格孤僻，喜欢独来独往，独立性很强，它在生活中已养成了一种自我主义行为特征。在猫的世界里，基本上不存在群体生活的可能性，明白这些特点之后，就会明白猫的多变其来有自。

PART 02

饲养猫的
事前各项准备

猫需要完善的饮食搭配，来摄取身体必需的各种营养物质，
因此，主人要针对它们的身体构造特征进行细心饲养。猫
还有不同于其他宠物的乖戾性格，所以，主人一定要细心
了解，使它能够快乐地成长及生活。

猫与人类的伙伴关系

猫是非常迷人的动物，可以表现得非常热情，也可以像闭目沉思的哲学家一样严肃。那么，到底猫和人类的关系应该如何建立呢？

POINT　幼年立基础
猫的驯化过程

如同其他家畜一般，猫的驯化也经历了一段相当漫长的岁月。野猫开始和人类产生互动关系，应该是人类即将结束渔猎生活形成固定居所，并开始种植谷物以及储藏作物的时候，因为储存作物的谷仓势必会引来老鼠等动物，而人类需要猫来对抗这些动物，以守护得来不易的作物。

野猫在家庭驯化的过程中，势必会有一些野性基因上的改变，以降低野猫天生的攻击性，来确保家庭化的可能。但是，这样的基因改变在何时发生或者是否真的发生了？我们并不完全清楚。现在我们只能推测，可能人们饲养了年幼的野猫，而其中一些显示出充分驯服，直到长大、怀孕生产、它们的幼猫出生后，变得比较没有攻击性，才更适合跟人类生活在一起。

然而，家猫的野性也只是暂时隐藏在表面之下，而且，并非所有的猫咪驯服的等级都相同。在整个家猫的族群中，个性的好坏程度、等级分布是相当模糊的，有些猫的确相当温驯，但有的却还有着野性的倾向。不过，家猫攻击性的减少，是可以通过其在幼年时期与人类频繁接触中得到改善的。

猫的家庭角色

　　和最初简单的驯化目的相比，时代发展到现在，猫在人们生活中实际上已不再单纯是狩猎者，而是在家庭中扮演了比过去更为重要的角色，人们对它的依赖和感情越来越深，拥有猫的好处似乎已经是毋庸置疑的。对大多数的猫主人来说，饲养猫最重要的好处就是拥有它的陪伴，它们在你身边，就像是随时可以倾诉的好朋友，经常把猫当作朋友跟它说话，是很多猫主人都做过的事。大部分人在沮丧、伤心的时候都需要心灵的抚慰，而家中的猫通常都是通过身体接触、用爪子抚摩或者躺在膝盖上来表达对主人的感情，进而帮助我们振作精神。有很多证据都显示，一个喜欢动物的人更容易喜欢他人，也更容易建立起人与人之间的互动关系。因此，如果饲养了一只猫的话，主人也许比其他人更容易和陌生人建立新友谊，此外，它还可以扮演连接年轻人与老年人桥梁的重要角色。猫是人们休闲生活中非常重要的一部分，天性爱玩耍，更会让人不由自主地和它们一起互动，可以有效帮助放松并增添生活中的乐趣。

领养前的最后确认

　　对于有时神秘、有时可爱的猫咪而言，想要饲养它们仅仅具备爱心是不够的，如果想拥有一只面貌多变的猫，主人一定要先问问自己是否有足够的耐心和时间去了解猫，并且能给它们周到的照顾和料理。如果逐一检视这些问题，答案仍然是肯定的话，那么请立刻行动，选择一只适合自己的可爱猫咪，把它带回家吧！你会发现这是很正确的决定，因为猫很快便成为自己不可或缺的伙伴了。

　　我们都需要获得满足或价值感，这可以从成功的家庭、人际关系、工作、运动或其他途径获取，其实，通过照顾自己以外的另一个生命来发现自我的价值，也是个认识自己的途径，所以有很多人选择养猫或其他动物来获得别人的认同与赞美，以及满足自己的虚荣心。

　　大多数有小孩的家庭，同时也会拥有猫。因为家长们认为，饲养一只猫能训练小孩子的责任感。小孩通过对猫的照顾可以学会关心身边其他人或动物，还能通过饲养猫了解猫的身体结构状况，和如何正确处理健康上的问题和疾病，并类推到他们自己身上。饲养一只猫还能让小孩克服焦虑感和孤独感，并能学会发展自我意识、学会和别人处理关系，以及学会处理生活中的一些细节问题，等等。老年人饲养一只猫也很好，尤其是那些会忘记吃饭的族群，喂猫时也提醒自己该吃饭了，他们通过对猫日常饮食起居的照顾，进而能对自己的生活进行更妥善的安排。

饲养前的充足准备

养猫仅有爱心是不够的，如果想养猫，一定要先问问自己：是否有足够的耐心和时间去了解猫，并且能给它们周到的照顾和料理。

挑选适合猫咪

在全面考虑自己的生活情况后，觉得适合一只猫成员的加入，接下来要做的事情就是寻找喜欢的小猫。如果是老年夫妇或单身离退休的老人，就可找一只能朝夕相处、相依为伴的活泼伶俐和顽皮好动的猫。可选的品种有泰国猫、缅甸猫、喜马拉雅猫、日本短尾猫等这些体质强壮、身材修长、适应环境能力强、很容易存活的猫。

对于有小孩的家庭，建议饲养短毛的缅甸猫或泰国猫，它们天性聪明，活泼好动，对主人情深意重。小孩会从与猫的玩耍中学会如何友善待人，理解爱和感情的需要，还可通过照顾猫培养自己的劳动观念和责任心。年轻女性可以饲养长毛猫。长毛猫小巧玲珑，毛发又长，给人华丽、高贵的感觉。最好选波斯猫或巴里岛猫，它们温顺、机灵、安静、爱撒娇。需要提醒的是，住大楼（公寓）的家庭最好饲养叫声小、性格温和的猫，以免影响他人。

如果经济条件许可，可以饲养纯种的猫，它们的外形漂亮，讨人喜欢。纯种猫适应新环境的能力强，容易训练，只是身体抵抗力弱一些，容易生病。

健康的小猫条件

　　挑选刚刚出生的小猫，难度是比较大的。除了外貌要让自己满意外，猫的健康和个性也是必须考虑的因素。健康的小猫，身体结实，肥瘦适中，性格活泼，好动，行动机灵。比较瘦的小猫可能消化不太好。肚子应略鼓，但过于鼓胀的肚子可能有消化道寄生虫。如果可能的话，最好看一看小猫的父母，这样更有助于判断它的健康情况。以下是需要仔细观察的几点。另外，挑选时可用一只手托起猫，感觉它的体重比看上去来得重，这样的猫比较健壮。猫的年龄也与饲养的难度有关，最好挑选出生后 2 ～ 3 个月的小猫，较容易饲养。

各个部位仔细瞧

STEP 01 / 眼睛

清澈明亮，不怕生人、不怕光、不流泪，没有分泌物，也没有发炎。

STEP 02 / 嘴巴

口腔内呈健康粉红色，没有口臭；牙龈坚固，呈淡粉红色，没有溃疡，牙齿呈雪白色。

STEP 03 / 耳朵

耳朵应呈粉色，没有耳垢，若用食指和拇指在耳后搓动，耳朵好的小猫会立刻回过头来。

STEP 04 / 被毛

健康的小猫被毛光柔顺滑，翻开里
层的毛没有小黑点。

STEP 05 / 肛门

肛门紧闭，并且干净，附近的被毛
上没有沾附任何粪便污物。

STEP 06 / 胃口

胃口好的猫一般都是健康状况好
的猫。

给猫咪
一个温暖的小窝

选到适合的猫，我们就能抱着可爱的猫回家了。但是，要承担这个甜蜜的负担，还有很多
工作要做。让猫认识并接受它的新家，给它一个温暖舒适的小窝，这些问题可都是最需要
尽快解决的。所以先把猫放下，为了它能有一个温馨美丽的小窝先好好努力吧！

猫的生活环境

　　猫的生活环境要注意温度和湿度，正常生活状态是在气温18 ~ 29℃和相对湿度40％ ~ 70％的范围内，超过36℃的气温会影响猫的食欲，容易诱发疾病，因此最好注意猫所处的环境温度，若出现问题要及时解决。家中的门窗、电线等都有可能隐藏了让猫发生意外的危险，首先，养成随手关门的习惯，以免猫跑出家门，还要仔细检查猫可能逃跑的路线；另外，家中无法隐藏的电线，可用胶布黏住，或喷洒上猫讨厌的味道。此外，家中不要种植圣诞红，还有百合科、兰花科的植物等，这些植物对猫是有毒的；将漂白水、清洁剂或有机溶剂等收起来，不要放在猫可能接触到的地方。

搭建一个猫窝

猫窝是猫逗留时间最长的地方，所以一定要给猫选择一个舒适的小窝，并放置在温暖安静的地方，为猫创造一个安逸舒适的生活环境。宠物商店有样式繁多的猫窝出售，如果不去宠物店购买，自己也可在家里阳光能直接照射到的地方搭建。可选用木制箱子、塑胶盒或硬纸盒作材料，只要有足够的空间，以猫能完全舒展的大小为宜。猫窝里面需要垫上柔软、暖和的干草、报纸或床单等。可以在窝内先垫些报纸，然后再垫些软布，但在搭建猫窝时不要用衬垫，以保持猫窝的干燥。猫喜欢待在温暖的地方，如果方便，把家中最温暖的一块地方留给它，让它在那里"安居乐业"吧！天气寒冷时，需要在猫窝里加个保暖垫，供猫取暖。为了给猫留下足够的空间，要把保暖垫放在猫窝的一侧，而不是占满整个猫窝的空间。猫是一种很爱干净的动物，要经常打扫猫窝，保持猫窝的干爽洁净。如果没有太多时间清扫窝，则可以选择塑胶猫窝，不过要先用消毒液处理，再铺上几层报纸。

便盆与猫砂铲

便盆最好选用塑胶或陶瓷材质的，木箱、纸箱不宜用作便盆。便盆不能太小，要有让一只成年猫进出及掩埋粪便的空间，且要摆放在安静通风的地方。便盆底部应铺垫约5厘米厚的粗颗粒炉灰、锯末等混合物，这些松散物，便于猫便溺后用爪子抓取来填埋自己的粪便。猫很爱干净，因此每次用完后要及时清洗便盆，更换铺垫物，猫砂铲是清除粪尿凝结物的理想工具。

POINT 猫必需的食器与玩具
用心挑选日常用品

　　吃喝拉撒是猫日常生活的主要组成部分，而这些程序需要一些特定的工具，比如食具、便盆、提篮等。另外，和猫在游戏中建立感情相当重要，所以，买一些有趣的玩具也是非常必要的。

　　每只猫都应有两个碗，一个装食物，另一个装饮用水。要选择宠物专用的食器和饮水盆，最好选择厚实的盆子，给猫用餐时要在盘子的底下铺层旧报纸，以保持地面的清洁。猫很贪玩，因此主人要买一些玩具让它玩，或者自己动手做。有的猫喜欢球状玩具，有的猫则对小鸟类的玩具感兴趣，主人最好多准备一些玩具，以维持猫咪对玩具的新鲜感。如果有时间，多陪陪猫咪，主人与猫玩游戏就是建立感情的最佳方式。

早点熟悉新家

像人类一样，猫对新鲜的事物刚开始会充满陌生感，需要花一段时间去熟悉并适应这个全新的环境，主人要帮助它早日融入。

POINT 友善而尊重地对待
熟悉新家环境

　　猫也需要时间适应环境。但是猫的适应能力不是很好，所以当猫回家后，我们应该循序渐进地帮助它，尽快适应新家的所有人和事物。首先应带宝贝猫到新家的每一个房间走走，让它在每一个房间都留下自己的味道，增强它对新家的熟悉感，以方便它较快地适应环境。主人定期抚摸猫，这可以检查其身体状况，最重要的是这有助于建立猫和主人的感情。猫在主人的轻抚和喃喃细语下，精神也会随之安定。也许一开始猫会讨厌这种抚摸，但只要循序渐进，形成习惯，猫也就会自然习惯了。

　　另外，有小朋友的家庭更要注意，让猫和小朋友和平相处需要很多工夫。告诉小朋友猫狗不同，猫不喜欢甚至害怕被追逐，并且也无法容忍被人拉扯皮毛或尾巴的粗鲁行为。为了避免两者受伤，一定要把这些细节告诉小朋友，并同时传达小朋友正确的待猫方式。

　　如果温柔对待小猫，就会听到很特别的声音，这声音只有在猫非常快乐的时候才会发出，那表示它们已经愿意与人交新朋友了。为了进一步增加小朋友和猫之间的感情，可以鼓励一起玩游戏，这样能帮助猫对小主人迅速建立好感和信任感。

与其他猫建立感情

　　猫是地域感非常强的动物，绝对不会对刚闯入自己地盘的新猫表现出友善态度，如果主人养了两只以上的猫，应先让它们熟悉各自气味，认识对方的味道是猫建立友谊的基础。将新猫隔离在另外一间房子2～3天，让旧猫闻到新来伙伴的气味，但是不能让它看到新猫，接下来再将新猫放入笼子，打开房门让它们第一次见面，通过笼子来认识彼此，如果旧猫还是有敌对的情绪，应该立即将新猫带离房间，每天可以反复进行此步骤。几天后，若双方开始有好感，或者在对方出现时仍能自在活动，可以在密切监视的情况下，将新猫带出笼子，让它们彼此进行身体接触，但是一定要避免打架发生。

与其他宠物见面

　　猫的个性很独立，除了少数自小一起长大的动物以外，猫是很难与其他动物和平相处的，所以，如果可以的话，请不要在家里豢养其他宠物。

　　如果家里已经有狗的话，可以采用前文和新猫见面的方法，让它们渐渐熟悉并建立友谊，不过这需要很长的时间，因为狗和猫自古就不和，主人一定要对狗严格一些，不能让它主动攻击小猫。如果是比猫还小的宠物，那就建议采取安全的保护措施，将它们牢牢地关在笼子里，以免猫伤害它们。如果家里有鸟，不要奢望它们能够和平相处，一定要把小鸟高高挂在猫碰不到的地方。如果养的是鱼，那鱼缸一定要加盖，否则，猫可能会把鱼解决掉。

PART 03

猫的营养食谱

不同年龄、不同状况的猫需要的营养比例是不尽相同的，

所以应该根据宝贝猫的不同情况来给它适合的食物。同时，

无论是干粮、猫食罐头、市售产品或是自己烹调的食物，

都应该尽可能在营养成分上接近完美猫食。另外，猫有着

很固执的口味习惯，为此，主人一定要尽量观察自己的宝

贝猫，给它最喜欢的营养食物。

猫咪的五大类
基本必需营养物质

猫的身体状况跟它所摄取的营养息息相关，而且，不同成长时期的猫对营养成分的需求也不同，因此要了解猫自身的情况和食物的营养成分，有效而合理地饲养，才能使猫健康成长。猫所需的营养成分大致包括水、蛋白质、脂肪、糖类、维生素和矿物质等。

1 维生素、矿物质

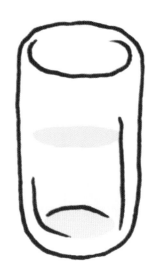

　　维生素和矿物质是构成骨骼的主要成分，也是维持酸碱平衡和渗透压力的基础物质。同时它们是许多激素和有机物质的主要成分，在猫的新陈代谢、血液凝固、调节神经系统和维持心脏的正常活动中，都具有重要作用。

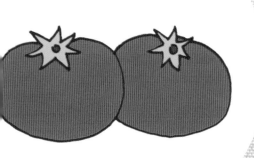

2 水

　　水是猫不可或缺的营养成分，平时应准备充足的清洁饮水供猫饮用。为了防止因缺水导致成年猫的代谢紊乱或死亡，一定要给猫供应充足的水。一般情况下，猫所需水分跟其年龄成反比。成年猫每天应供给水40～60毫升/千克体重，幼猫每天则应供给水60～80毫升/千克体重。对于因生病而不能或不愿饮水的猫，需通过口喂或静脉输液来供给水分。

3　脂肪

　　脂肪是猫所需能量的重要来源之一，它不仅构成了细胞，也起到保温的作用，但脂肪过多会引起过度肥胖或造成代谢失调。一般情况下，脂肪以占饲料干物质重量的15%～40%为宜，幼猫最好喂含22%脂肪的饲料。

4 糖类

糖类主要包括淀粉 和纤维素，是日常生活中猫所需能量的重要来源之一，所以在猫的食物中应包含一定比例糖类的食物，如白米、玉米、小麦等。

5 蛋白质

蛋白质是生命的基础，对猫生长繁殖的重要作用是不言而喻的。成年猫每天需蛋白质3克/千克体重。干饲料中，成年猫的蛋白质成分不能低于21%，幼猫不能低于33%。通常，猫食中含有70%左右的水分，这种情况下成年猫的蛋白质含量不能低于6%，幼猫不能低于10%。

猫食的
丰富种类有哪些?

　　猫属于肉食性动物，其饲料以肉类为主，千万不可因为个人喜好而要求猫吃素，更不要喂它吃狗食。前面说过，猫所需要的基本营养成分包括蛋白质、脂肪、糖类和各种维生素等，这些成分都不可缺少，所以应该根据不同情况搭配猫的食物。市场上的猫食主要有以下几类。

　　一、干燥猫食，也就是一般所说的猫饼干。优点在于方便、快速、经济；含水量很低（约10%），易保存；所含营养素均衡，且有不同成长阶段的配方，可作为平日主食；口感硬脆，可以帮助猫按摩牙龈、清洁牙齿、预防牙结石、减少口臭；含有大量的纤维素，可促进消化。缺点则是，因所含的脂肪酸会随着存放时间变长而逐渐散失，故需注意保鲜期和存放的环境与温度。长期只食用干燥猫食，会导致脂肪、蛋白质、水分摄取不足（比吃罐头的猫咪水分少了将近50%），因此应该经常补充其他食物，以保证水分的供给。

二、罐头猫食，这几乎是所有猫最喜欢的食物，优点是口感非常好，而且未开的罐头保存时间很长，平日可搭配猫饼干喂食，其中约含有75％的水分，以各式肉、鱼类为主，含丰富的动物性蛋白质、脂肪和高热量。缺点在于小罐装较贵，大罐装一次吃不完易腐烂变质，须存放在冰箱内，喂食前再加热，但加热又会破坏某些营养素。购买时除了需注意看成分标示说明，检查是否添加应有的营养成分，还必须购买适当的分量，才不会造成食材的浪费与过度喂食。

三、点心类，选择的类别很多，常被用在猫食物的补给上，优点是可以作为成长中的小猫、怀孕母猫、活动量大的猫咪在正餐之外的食物，例如小鱼干、虾米、饼干等。缺点则是人的食物含盐量太高，最好能够购买猫专用的点心。分量太多会使猫习惯口味重的食物，造成偏食、不喜欢吃正餐、闹脾气等状况，因此，给予点心的时候要特别注意分量及品项，不要给猫造成坏影响。

猫的食物种类选择很多，主人如何为自家爱猫选择最适当的饮食呢？最好从猫咪的各种生长情况入手，挑选最适合自家爱猫的方式，才是最好的搭配。

各类保健食品

猫是非常固执的动物，它们往往只喜欢吃一种食物，而对其他的食物毫无兴趣，这样不免造成营养不良，无法从食物中获得均衡的营养，保健食品也就成了它们很重要的营养补给来源。因此，按照不同猫咪的生长情况，适当地喂食一些保健食品，才能补足猫咪体内所需营养素，不至于造成营养失衡。主人在挑选爱猫的保健食品时可以询问过兽医意见，才不会造成反效果。

不同时期的喂食原则

　　不同年龄、不同状态的猫所需营养各有不同，也会有不同的进食特点，这一个喂食大重点，很多主人无法确实掌握。应该要根据猫所处的特殊情况，选择适当的猫食，正确地饲养宝贝猫。尤其，年幼的猫和成年的猫喂食原则是截然不同的，其中，成年的猫如果考虑怀孕情况，喂食内容则又和一般的成年猫不一样。所以在选择猫食的时候，必须考虑猫的年龄、健康状况、成长阶段和生活方式等等因素，为它做最好的选择。

　　一般成猫平均体重 3～5 千克，一天需要 85 克左右的干燥或半湿猫食，或者 170～230 克的罐头食品。喂食量因猫而异，同时也要兼顾食物的营养成分，还要看猫当时的食欲和身体状况，总之要弹性控制。

幼年时期的喂食原则

　　幼猫的成长有两个时期：快速生长期以及性成熟期。快速生长期大约在幼猫断乳后的2～6个月。这段时间幼猫贪玩且生长速度极快，为保证充足的能量供给，须提供蛋白质及热能含量都比较高的均衡营养食物。但因幼猫身体未发育完全，所以一天要多喂几次，最好选择新鲜的鱼、鸡、猪、牛肉配合少量的幼猫粮，尽量少喂淀粉类食物，以便能好好地满足它的胃口。6～12月龄时，猫的生长速度开始变缓慢，活动量也减少，这时食量较大，可增加每餐分量而减少用餐次数。为保证其因生长速度变慢所产生的不同营养需求，可在原有食物的基础上，适当添加一点营养丰富的猫罐头食品。猫是肉食动物，幼猫的所有饲料必须以肉食为主。

怀孕期母猫的喂食原则

　　在饲养怀孕的猫时，最好使用特制的猫食（蛋白质含量要在 30% 以上、每千克含有 16 千焦热量）来喂食。若给猫喂的是高品质、能够提供完整、均衡营养的食品，就没有必要再喂食维生素了。母猫在怀孕的第 3 周会出现短暂的食欲丧失的情形，持续时间 3 ~ 10 天不等。当产期接近时，母猫也可能会丧失食欲，这时不用急着更改猫食的种类和喂食计划，在小猫出生前的 24 ~ 48 小时，母猫会出现拒绝进食的情形。一般来说，小猫出生后的 24 小时以内，母猫的食欲就会逐渐恢复。

哺乳期母猫的喂食原则

哺乳期内，由于自然生理反应以及幼猫需求，母猫对食物和水的需求会增加，这时应准备一碗干净的水，在喂食前先将食物蘸水弄湿，这样既可增加母猫对食物与水分的进食量，也有助于培养幼猫食用固体食品的习惯。幼猫断奶后的第 1 天，只需给母猫喂一些干净的水；幼猫断奶后的第 2 ~ 4 天，应分别将母猫的喂食量控制在怀孕前正常进食量的 1/4 ~ 3/4；在第 5 天，应该恢复母猫怀孕前的正常进食量。总之，主人应根据断奶天数的不同，给予母猫相对应的食物分量。

主人需注意的
猫咪禁忌食材名单

猫的肝脏功能不像其他的动物那样完整，所以有些食物猫是不能吃的。否则，毒素容易积累在身体中而导致中毒，因此有些食物绝不能拿来喂养猫。

洋葱、葱

洋葱含有破坏猫红细胞的成分，虽说不能单独喂洋葱，但注意也不要混在碎肉中。

内脏、白饭

这种吃法最易引起宠物皮肤问题，例如湿疹、皮屑和皮肤发痒等种种问题。

生猪肉

生猪肉里有弓形虫，易导致猫生病。

章鱼和贝类

其中含有一些猫不适应的成分，吃多了会引起猫消化不良和胃肠障碍。

海鲜类

海鲜类食物应当少喂。因为猫狗无法完全代谢海鲜里的矿物质，容易产生结石。有的海鲜还会导致猫的皮肤发炎，应先让猫少量食用，没有反应后才适量给予。

鱼骨、鸡骨

猫不会咀嚼食物，而是直接吞下去。大骨头可能会刺伤猫的胃。而且鱼骨头含钙含磷，长期食用会引起猫泌尿系统结石。

牛奶、生蛋白

牛奶虽然营养价值较高，但不利于消化吸收，可能引起腹泻。切勿喂猫吃生蛋白，生蛋白含有一种抗生素蛋白，会让猫缺少维生素、铁等矿物质。

巧克力

巧克力所含的可可碱会造成猫食物中毒，中毒则可能引起猫呕吐、下痢、尿频、不安、过度活跃、心跳呼吸加速，甚至最终会使猫因心血管功能丧失而致死。

人吃的菜肴和点心

　　一只成年的猫或狗只需要吃含盐量 5% 的食品。对猫来说，我们的菜里含有太多的油盐及香料，而过多的油盐对它们的身体都是不好的。辛辣食物更不能喂给猫，否则，会引起猫肠胃的不适。冰激凌、奶油蛋糕、月饼之类的点心也不要给猫吃，因为有的是含糖分过多，有的不易消化，易导致猫肥胖或腹泻，对其肠胃有极大的影响。

猫饮食的注意事项一

猫的食器应固定使用，因为它们对食器的变换很敏感，有时会因换了食器而拒食，因此食器不能随便更换。可在食器底下垫些报纸或塑胶纸等，防止食器滑动时发出声响，而且也易于清扫。保持食器的清洁，每次吃剩的食物要倒掉或收起来；待下次喂食时和新鲜食物混合煮熟后喂食。影响猫食欲的因素主要有饲料、环境和疾病三种，此外，强光、喧闹、有陌生人在场或其他动物的干扰等也能影响猫的食欲。猫喜欢吃甜食或有鱼腥味的食物，但味道不能太淡或太咸，若将猫的饲料调配得新鲜可口、多样化，就能够让猫保持很高的食欲。如果是因为生病而影响了猫的食欲，就要及时就医。

猫饮食的注意事项二

　　猫喜欢吃温热的食物，凉食、冷食不但影响它的食欲，还易引起消化功能的紊乱，食物的温度以 30 ~ 40℃为宜。必须备有充足清水供猫饮用，且每天都要更换，饮水盆可放在食器一侧，以便猫口渴时随时饮用。猫吃饭的时间需要固定，不能随意变更。放猫食的地方也要固定，要选择阴凉和安静的地方，如果发现猫在吃饭时有用爪勾取食物或把食物叼到食器外食用的坏习惯，就要立即调教，使其改正。另外，不可用病死的肉类喂猫，那种肉充满细菌，对它有坏的影响，也不可用家禽骨头喂猫，这些骨头小且易碎裂，会卡住猫的喉咙；鱼不要煮开后再喂猫，否则会破坏所含营养成分。

猫饮食的注意事项三

　　猫不喜欢吃刚从冰箱里拿出来的食物，如果将打开的猫粮放在冰箱里，在喂猫前应在外面放一段时间使其达到室温。许多猫喜欢每天喝一碗牛奶，但不是所有猫都喜欢这样，一些猫可能因为无法消化牛奶而产生腹泻。不要用狗食喂猫，因为其中肉类的蛋白质成分不够高，而罹患膀胱疾病的猫则不能吃干燥食品，如果猫拒绝进食，主人可试着喂它猫粮罐头，这类食物可以引起猫的食欲。如果喂猫吃鸡蛋，一周切忌不可超过两个，尤其不能使用生蛋白喂猫，因为生蛋白含有抗生素蛋白质，这种化学物质会中和维生素，进而使猫无法获得身体所需的维生素。

宠物派

POINT 增强猫的体质

宠物派的蛋白质含量极为丰富，对猫的健康很有帮助，蛋白质是生命的基础，更是健康的猫不可或缺的必需营养素。这款宠物餐是为猫咪量身订做的营养餐点，除了对猫本身的营养摄取大有助益，也兼顾了猫的口味，很受它们欢迎，主人可以亲自制作给爱猫食用。

准备食材

鲜鸡肝 ······························· 100 克

鸡蛋 ······························· 1 个

玉米粉 ······························· 100 克

面粉 ······························· 40 克

小苏打 ······························· 少许

做法

1 将鲜鸡肝洗净，去掉筋膜，放入搅拌机中，打碎成末；鸡蛋磕开，搅打成鸡蛋液备用。

2 将鸡肝、鸡蛋液、玉米粉、面粉和小苏打混合，加适量水，搅拌均匀，静置一会儿。

3 将面团摊开，放入油锅中煎熟即可。

蛋白质
钙质

芝士白肉鱼 POINT 适合病后猫咪食用

猫咪生病后没有食欲，对什么食物都提不起劲去食用。这时候，主人可以尝试芝士白肉

鱼这道猫食，水煮蛋的蛋黄很容易消化，热量也很高，特别适合病后的猫或小猫食用。

为了避免鱼骨头卡在猫的喉咙，让猫食用前应小心剔除鱼刺，以免产生突发的状况。

① 补充钙质	② 补蛋白质
③ 富含钙质	④ 钙质丰富

准备食材

生鳕鱼 ………………………… 30 克

鸡 蛋 ………………………… 1 个

牛奶 ………………………… 少许

芝士粉 ………………………… 少许

❶

❷

做法

1 鳕鱼洗净，并将鳕鱼中的骨头剔除干净，鱼皮完全去掉；将处理好的鳕鱼放入沸水中烫熟，捞出，用厨房垫纸吸干上面的水分，再切成小块备用。

2 将鸡蛋用滚水煮熟，捞出放凉，剥去外壳，再将蛋黄与鳕鱼块、牛奶一起放入容器中，充分混合均匀。

❸

3 将做好的猫食放入猫的食物碗里面，撒上芝士粉即可。

❹

黄金海岸粥

POINT 为猫咪补充丰富营养素

这款猫餐很容易上手，再加些小步骤就可以和爱猫一同享用相同的风味餐！有些猫喜欢先把水都喝完才吃食物，若是家中的猫比较少喝水，也可多加一点水让它补充水分。

猫是沙漠型动物，能忍耐没水喝，但公猫容易出现尿结石的问题，主人应多加注意。

①	②
补充钙质	增加纤维
③	④
维生素 A	糖类

准备食材

猫用罐头（金枪鱼）················· 适量

草 虾 ····························· 3 只

菠菜 ····························· 20 克

胡萝卜 ···························· 25 克

米饭 ····························· 15 克

熟蛋黄 ···························· 1 个

做法

1 将草虾洗净，放入沸水中烫熟，
  捞出，放凉备用。

2 菠菜和胡萝卜洗净，放入沸水中烫
  熟，捞出，切末。

3 将熟蛋黄碾碎，与菠菜末、胡萝卜
  末、虾肉末、米饭、金枪鱼罐头搅匀
  即可。

078

维生素
蛋白质

鸡肉胡萝卜馒头

POINT 激发食欲的猫餐点

很多人不知道，其实猫也可以吃些五谷杂粮类，只要其中混合丰富的蔬菜和肉类，放在
猫的鼻子前面让它闻一闻，便能立刻激发出它的食欲，屡试不爽。混含丰富营养素的五
谷杂粮，蕴含猫生长发育中不可缺少的关键营养素，而且做法简单，很适合猫咪食用。

①	②
补蛋白质	增加纤维
③	④
糖类	补充钙质

准备食材

鸡胸肉 ························· 50 克

胡萝卜 ························· 50 克

五谷杂粮粉 ···················· 50 克

鸡蛋 ·························· 1 个

食用油 ························· 适量

做法

1 将鸡胸肉切成小丁，加水煮熟。

2 将煮好的鸡胸肉用碎肉机绞成肉末；
   胡萝卜切丁，打成末。

3 将打成末的鸡胸肉末、胡萝卜末，加
   食用油、鸡蛋和事先准备好的五谷杂
   粮粉放在一起，混合均匀后做成馒头
   状，蒸熟即可。

方便营养餐

POINT 防止反胃、呕吐的猫咪餐

小米具有防治消化不良的功效，如果家中猫咪常出现相关症状，可以适当地给它食用一些，不仅能够防止反胃，还能抑止呕吐的产生。不过要特别注意的是，让猫在食用小米的时候，尽可能做得软烂一些，这样的口感比较容易得到猫的喜爱。

<table>
<tr><td>❶</td><td>❷</td></tr>
<tr><td>糖类</td><td>补充纤维</td></tr>
<tr><td>❸</td><td>❹</td></tr>
<tr><td>添加钙质</td><td>维生素 A</td></tr>
</table>

准备食材

小米 …………………………… 30 克

包 菜 …………………………… 20 克

牛 肉 …………………………… 40 克

胡萝卜 …………………………… 10 克

食用油 …………………………… 5 毫升

做法

1 将小米煮成小米饭；包菜洗净，切碎，再烫熟；胡萝卜去皮、洗净，烫熟。

2 牛肉放入高压锅中，加水和食用油，将其煮烂。

3 将牛肉与胡萝卜剁成蓉，与包菜碎混合均匀，与小米饭充分混合即可。

鸡肉拌饭

POINT 添加足够的牛磺胺

鸡肉含有丰富的蛋白质、维生素等多种营养素，能够满足猫的营养需求。猫如果缺乏牛磺胺，就容易罹患眼疾，自身抗氧化的能力也会下降。鸡肉拌饭这款营养餐可以充分补充猫所需要的牛磺素，并提高其抵抗心血管疾病的能力，主人可以适量地为猫备上一些。

① 补蛋白质	② 糖类
③ 添加脂类	④ 补充钙质

准备食材

鸡肉 …………………………	100 克
米饭 …………………………	100 克
猫罐头 ………………………	少许
鱼肉 …………………………	100 克

做法

1 将鸡肉煮熟，用叉子在肉上扎出
   小洞；将鱼去掉刺，煮熟。

2 将鸡肉切小丁、鱼切小块后拌入米饭
   中，充分搅拌均匀，让每粒米饭上都
   沾有肉或鱼，避免猫只把肉和鱼吃
   掉，而留下米饭。

3 加入猫罐头，搅拌均匀即可。

①

②

③

④

钙质
纤维素

香米鸡丝小鱼

POINT 止泻止渴，低脂低热

香米中富含维生素、纤维素，有很好的健胃养脾作用。香米还富含糖类，有止渴的功效，

另外对于腹泻等症状也有很好的疗效。而鸡肉低脂肪，低热量，适合作为肥胖猫咪的

食材。

①	②
补蛋白质	增加纤维
③	④
补充钙质	糖类

准备食材

鸡胸肉 ························ 150 克

胡萝卜 ························ 10 克

米饭 ·························· 15 克

小型鱼 ························ 1 条

做法

1 将鸡胸肉清洗干净，放入沸水中，
  氽烫熟后，捞出放凉，再切成小丁
  备用。

2 将胡萝卜切成细丝，在沸水中煮熟。

3 将小鱼洗净，放入电锅中蒸熟，取出
  放凉备用。

4 将鸡肉丁、米饭与胡萝卜丝搅拌均
  匀，待整盘放凉，放上已蒸熟的小鱼
  即可。

①

②

③

④

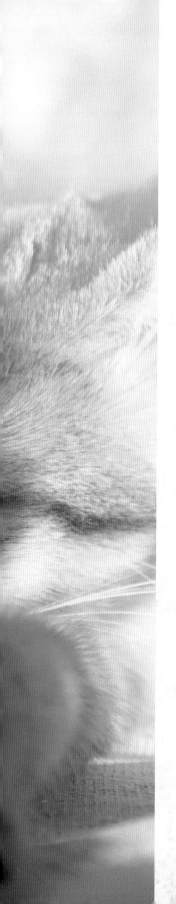

PART 04

分析猫的
行为与思维

猫有着良好的卫生习惯，而且喜欢独来独往，从来不会给主人增添麻烦，所以不需要花费很多时间来管理调教它，但和它快乐相处却不是件简单的事情。你得先了解猫的语言，才能和它们进行沟通交流。这样你很快就能发现，原来，养猫是一件如此惬意甜蜜的事情！

猫好心情的各种迹象

　　猫不能像人类一样用语言来表达自己的想法，但是，它也有表达自己情感的方式，主人仔细观察自家爱猫，看看它各种有趣动作所代表的意义，绝对会发现其乐无穷！眼睛眯成缝、全身放松、打个大大的哈欠等人们深深着迷的动作，这些都是猫日常生活中的常见动作，也是猫心情愉快时候的表现。这个小节收录猫咪的各种表情、姿势，清晰点出猫咪的各种心情。

猫的好心情（一）

STEP 01 ／ 轻松平静

轻轻地用前掌来洗脸、洗耳朵，全身躺下往前伸展，或是全身蜷成一团。当它睡饱了，会前低后高地伸展前腿，还会躺着或坐着，瞳孔缩成一条线，眼睛半张或闭上。

STEP 02 ／ 好奇

用后脚站起来，耳朵朝前倾，嘴巴紧闭，瞳孔睁圆，尾巴垂下，末端轻轻地摇动。

STEP 03 ／ 信赖

四脚朝天，在地上翻滚，表示它非常信赖你，感觉很安全。

猫的好心情（二）

STEP 01 ／ 欢迎

主人回家时，跑到门口坐着，缓慢而大幅度地摇晃尾巴。

STEP 02 ／ 亲近

头仰着，眼眯着。身体直立站定，尾巴伸直，尾巴尖端轻轻摇摆，有靠近主人的意思。

STEP 03 ／ 撒娇

坐着，瞳孔微放，大尾巴直立，或是轻轻摇动，感觉它随时要过来。或是走过来绕着你的脚，不断用头来磨蹭你。

猫的好心情（三）

STEP 01 / 高兴

吃饱了，擦擦嘴，舔舔脚掌，坐下来，摇尾巴。

STEP 02 / 惊喜

瞳孔圆圆的，耳朵竖直，口微开：这是猫在闻到厨房里有香味时的反应。

猫坏心情的各种迹象

　　猫和人们一样，会有心情低落的时候，从它展现在外的表情及迹象，主人可以仔细观察、对照，明白爱猫此刻的心情，并找出安抚的最佳时机。我们可以通过观察猫的眼睛瞳孔、尾巴的动作、胡子的状态得知猫的心情是否愉快；同样，猫咪生气、警觉或想攻击外物时，也会有所表示。

猫的坏心情（一）

STEP 01 ／ 巡视国界

轻轻把尾巴平伸，四处走动。有其他动物侵入时，它会先探明对方的意图。

STEP 02 ／ 心事重重

耳朵朝前，瞳孔稍微放大，胡须向下垂。

STEP 03 ／ 迷惑，烦恼或愤怒

身体低低站着。尾巴垂下，慢慢地摇动。

猫的坏心情（二）

STEP 01 / 惊觉

眼睛圆睁，耳朵完全朝上，前胡须上扬。

STEP 02 / 生气

张嘴，露出牙齿，双耳往后压，并且出声，全身压低，尾巴卷起来。

STEP 03 / 警戒

双耳平放，身体拱起，尾巴挺直向上，全身的毛竖起。

猫的坏心情（三）

STEP 01 / 思考对策

胡须竖起，尾巴迅速地摆动，表示它觉得来者不善，下一步也许是逃走，也许是进一步恐吓，甚至攻击。

STEP 02 / 准备攻击

身体前低后高，尾巴平伸，双耳朝前倾，爪子全部展露。

STEP 03 / 攻击

胡须上扬，吼声出现，张嘴露齿，双耳后压。

各种声音表示的意思

猫喜欢打呼噜，发出"喵喵"的声音，或者大声嘶叫。也许有人还不知道这些不同的声音各表达了什么不同的意思吧？那么请看以下内容。

呼噜

1

呼噜

在主人抱着抚摸它的下巴、半夜上床和主人共寝时，或是在伸展四肢、很懒散的时候，猫就会发出呼噜声。而在生病或痛苦时，它也会打呼噜。此外，呼噜还可表示友好。

2

喵

　　低沉而温柔，表示
打招呼、欢迎、心情好、
答话。而大声一点时，可
能是抱怨或有所乞求。

3

嘶叫

　　高亢的嘶叫声，同时嘴巴
张开，舌头卷成圆筒状，并且
有热气呼出：这用来表示恐惧
和发怒，甚至威胁对方止步，
或是在困惑、有所求时发出。

4

警告、威胁

双耳又压低了些，眼睛更细，但尚未出声。

5

进一步出声警告

　　胡须上扬，脸压扁，眼睛更细，双耳压平。

6

不安、恐惧

　　双耳朝两侧，眼睛呈椭圆形，瞳孔稍微放大。

猫出现
异常行为怎么办？

　　猫是天生的猎人，在沙发上留下一道道抓痕，对猫来说是理所当然的，即使这会让主人大动肝火。其实，猫的很多异常行为并不是它故意的，只是它们的习性与人类环境有所冲突而已，当然也不排除它在心理上有疾病。猫出现了异常行为，主人应该怎么办？是置之不理，还是加以怒斥或惩罚？这些都是不可取的。最正确的方法是先找出异常行为的发生原因，再针对问题制定解决的方案，才不会对猫造成伤害。如果猫出现异常行为，一般可以通过转移目标、移除诱因、改变环境、适时阻止等方式来加以纠正教育。

攻击

　　猫的攻击行为是与生俱来的本能，一旦它将目标对象指向人的时候，问题就出现了。

通常，猫发生攻击有抢食、分娩、地域、恐惧这四种原因。因此，首先要做出原因判断，

再寻求解决的方法。猫为食物攻击不像狗那样常见，不过它们也会为了保卫自己的食物或

偷其他猫的食物而攻击对手。如果家中养有两只以上的猫，要给每只猫单独的食物碗和水

碗。若攻击行为很严重，应该让它们在不同的角落甚至不同的房间分别进食。如果家中养

了狗，则要将猫碗放到高处，以免狗干扰到它的进食。

　　怀孕后的母猫，会攻击接近小猫的任何人或动物，这是母性的本能所致。针对这种情况，可以找个安静隐密的地点让猫待产，也不要过度干涉母子的生活。或者将母猫结扎，以避免它再出现攻击行为。

　　猫发现它的领地被侵犯时，会以嘶叫、追逐或肢体的打斗来抗议。要解决它的地域性攻击行为，可在猫6个月大以前结扎，降低它的地域性意识。也可让猫早一点参与社交活动，但不能让它接触外面的流浪猫。

　　此外，还要制止小孩的追逐和狗的攻击，这会令它过度敏感。不要突然惊吓猫，也不要将猫的便盆、食物和水放在人来人往的地方，更不要刺激恐惧中的猫，以避免猫受到威胁或感到有可能被攻击时，而产生恐惧性攻击行为。不过，通常恐惧性攻击会有明显的肢体语言作为警告，如毛发竖起、瞳孔张大、嘶叫、拱背等。

咬人

　　猫很自我，有时会在被人抚摸时突然咬人、抓人，这是因为猫需要独处的空间。针对猫咬人或抓人的异常行为，可以每天花时间为猫刷毛和抚摸它，以降低它的身体敏感度。在这个过程中，要了解猫的忍受范围，万一它出现不舒服的情形，如开始甩动尾巴或身体紧绷时，应马上中止练习；如果它很配合，可以给予一定的零食奖励。无论如何，主人必须时时尊重猫咪的意愿，不能强迫它。还要注意母猫不喜欢被人抚摸脖子周围，因为在交配时公猫会很粗暴地抓咬它的脖子。另外，如果猫病痛或受伤，可能会出现咬人的行为，这时需要看兽医师。

进食

　　有的猫在主人用餐或做饭时，会在旁边吵着要东西吃，这样的坏习惯通常都是主人在平时宠出来的。当猫守着要吃的时候，主人千万不要以为给它一点点没关系，因为以它的角度看，这是一种允许和鼓励的表示。针对猫的讨食挑食，先评估其体重，确保它有足够的食物，然后养成定食定量的习惯。不要在正餐时间外随意给猫吃点心，也不要在用餐时从餐桌上拿食物给猫吃，更不要在做饭时给猫食物，这样才会让它形成只能在猫碗中进食的想法。因为植物中的纤维能够帮助猫吐出胃内的毛球，以防造成消化道不适，甚至肠道堵塞，所以猫大多会咬食植物。但一些有毒的植物和杀虫剂，会给猫带来生命危险，因此，在家中不要养有毒的植物。将盆栽吊高或放在猫碰不到的地方，如果看见猫在吃植物，应立刻制止它。

乱跳乱叫

　　猫的活动范围很大，方式是三维空间，也就是说，它会跳到餐桌、书桌、电视，以及主人不允许它跳上去的任何地方。要解决猫咪乱跳的行为，首先得注意不要在高处留下任何食物，包括餐桌也必须擦干净，不留味道。当猫跳到不被允许的地方时，要立刻制止，如此坚持下去，猫就不会再跳到桌上了。如果猫处在发情期，可以送去医院结扎，还要抽出时间与它相处、玩耍及散步。但是如果平日安静的猫突然开始乱叫，且不停走动，可能是生病或受伤了，这时要送兽医院进行检查。

　　另外，如果猫喜欢抓墙壁，可以在它旁边放个猫抓板，让猫有目标地做同样的事情，以解决主人的困扰，也可以在它喜欢抓的家具或其他地方贴上铝箔纸等猫不喜欢的材料，这样就可以阻止它破坏家具。猫缺乏自制力，应该将可能诱惑它的物品隐藏或移除，如在垃圾桶上加盖以防止猫弄翻垃圾，顺手关上厕所的门以防止猫喝马桶里的水等。而当猫做出禁止的行为时，可以用水枪或喷水瓶喷它，配合"不行"的指令，就可以让它留下深刻的印象。

分离焦虑

　　幼猫如果过早离开猫妈妈和同胞，会特别依赖主人。特别是用奶瓶喂大的小猫，是分离焦虑的高危险群。一旦主人离开其视线之外，它们就会变得非常焦虑和紧迫。分离练习的方法是：假装出门，在门外逗留几分钟，如果猫出现焦虑的情形，再进门安抚它，之后慢慢拉长分离的时间。在猫独处的时候，可以准备很多它喜欢的玩具，尽可能让它的生活空间多样化，减少寂寞感。如果这些方法都不奏效，就必须寻求专业兽医师的帮助。

猫咪的
多种技能训练内容

　　猫进入人类家庭后，就要和人共同生活了，那么，它也必须要遵守一些基本的礼仪。
猫有很多奇怪的习惯，有的甚至干扰到人的正常生活，所以主人需要对猫进行一些生活基
本技能的训练，如卫生和游戏训练等。采用各种有效的方法，建立其良好的习惯，这样能
让猫在生活中和主人建立和谐的关系。

训练猫在固定地点大小便

猫很爱清洁，但也需要训练它在固定的地点大小便。一般来说，猫都会选择自己第一次大小便的地方。另外，猫在便溺之后，有自己掩埋粪便的习惯。方法：准备一个尿盘（畚箕、塑胶盘等），盘内装进3～4厘米厚的砂土、木屑或炉灰等吸水性较强的物体，最上层放少许带有它的排泄物。当看到猫有便溺的预兆时，主人可把猫带到便盆处，先让它闻盆内砂子的味道，这样它就会在便盆里排便，训练几次后，即可养成习惯。为了防止猫因便盆脏而更换地点，平时要注意清洗便盆和更换垫物。

躺下、站立、打滚

　　首先训练躺下、站立动作。当猫站立时，发出"躺下"的口令，同时用手将猫按倒，强迫猫躺下。然后再发出"起来"的口令，让猫站立起来，完成动作后，用食物和抚摸进行奖励。这样重复若干次后，猫就会对"躺下""起来"有所反应。当猫对"躺下"的口令形成比较牢固的反应时，即可开始训练打滚的动作。当猫躺在地板上时，可发出"滚"的命令，同时轻轻协助猫翻滚，多重复几次这样的动作后，在主人的诱导下，猫便可自行打滚。每完成一次动作时，都应及时奖励它，随着动作熟练程度的加强，要慢慢减少奖励的次数，直到最后取消这一奖励。但是当猫学会了一种动作后，隔一段时间还得再给些食物奖励，以加深它对该训练的记忆。

"来"的训练

　　训练之前，要让猫知道它自己的名字。训练时，训练者先把食物放在固定的地点，嘴里呼唤猫的名字，不断发出"来"的口令。如果猫不感兴趣，没有反应，就要把食物拿给猫看，进而引起猫的注意，然后再把食物放到固定地点，下达"来"的口令。若猫顺从地走过来，就让它把食物吃下去，轻轻地抚摸猫的头部及背部，以示鼓励。多重复几次之后，猫在脑海中就会自然对"来"的口令形成反射动作。

衔物训练

　　此项训练分为基本训练和全过程训练两个步骤。基本训练即先给猫戴项圈，以控制猫的行动。训练时，一手拉项圈，一手拿要让猫衔住的物品，一边发出"衔"的口令，强行将物品塞入猫的口腔内，当猫衔住物品时，应立刻给予奖励。接着发出"吐"的口令，当猫吐出物品后，应喂点食物并用抚摸作为奖励。经过多次训练后，当人发出"衔"或"吐"的口令，猫就会相应地做出衔叼或吐出物品的动作。全过程训练如下，将猫能衔或吐出的物品在猫面前晃动，引起猫的注意，然后将此物品抛至几米远的地方，再以手指向物品，对猫发出"衔"的口令，令猫前去衔取。如果猫不去，则应牵引猫前去，并重复"衔"的口令，指向物品。猫衔住物品后，要马上发出"来"的口令，猫回到训练者身边时，发出"吐"的口令，猫吐出物品后，立即予以食物奖励。这样多训练几次，猫就能叼回主人抛出去的物品了。

跳高钻圈

先将一铁环或其他环状物立着放在地板上，训练者站在铁环的一侧，让猫站在另一侧，训练者和猫同时面向环。训练者不断地发出"跳"的口令，同时向猫招手，猫偶尔会钻过环，此时立即给予食物和抚摸奖励。但猫如果绕环走过来，不但不能给予奖励，而且还要轻轻训斥。在食物的引诱下，猫会在训练者发出"跳"的口令之后，钻跳过环。如此反复训练后，应逐渐升高环的高度，但开始时升高幅度不应过大，切不可操之过急。同样，每跳过环一次，都要给它一些奖励，如饼干之类的食物，如果从环下面走过来，就要训斥或惩罚。经耐心反复训练的猫一般能跳过离地面30～60厘米高的铁环。

这里有好吃的哦

猫的训练方式

猫的基本训练方式有强迫、诱导、奖励和惩罚四种。

强迫、诱导、奖励与惩罚

训练者利用机械刺激和命令口吻的手段，让猫完成规定动作，就是强迫训练。比如训练猫做躺下的动作，首先由训练者发出"躺下"的口令，猫却没有做出这个动作，这时训练者可用威胁音调的口令，同时结合相应的机械刺激，即用手将猫按倒，迫使猫躺下。这样重复多次后，猫就能逐渐形成躺下的反射。

利用猫爱吃的食物和自身的动作等，来诱发猫做出动作，是诱导训练。如训练"来"的动作，训练者在发出"来"的口令同时，拿一块猫喜爱的食物在它的前面晃动，但并不喂给它，而是一边后退，一边不断发出"来"的口令，猫都会在美味食物的诱惑下跟过来，时间久了就会形成反射动作。这种诱发方法对训练小猫最为适宜。

奖励包括食物、抚摸和夸奖等，是为了强化正确动作，或巩固已初步形成的反射动作而采取的一种奖赏手段。奖励和强迫结合起来，才能真正发生作用。猫在强迫下做出规定的动作后，要立即给予奖励。奖励的条件也要逐渐升级，最初，完成一些简单动作就可给它奖励，但随着训练的深入，要完成一些复杂的动作后才能给予奖励。

驯猫的注意事项

　　驯猫的最好时间是在喂食前，每次训练的时间要适度，不可太长，最好不超过10分钟，但每天可多进行几次训练。2～3个月大是猫训练的最佳年龄，这时的猫不仅容易接受训练，还可以为日后的技能提升打下基础。反之，成年猫的训练难度则要提高许多。驯猫时，应该选择一个安静的环境，嘈杂的环境会分散它的注意力，动作要平缓，态度要和蔼，不能发出大的声响，太突然的动作、太大的声响会把猫吓跑，使其躲起来不愿接受训练。猫不太愿意受人摆布，所以在训练时不能受到过多的训斥和惩罚，否则会产生厌恶的情绪，进而影响训练效果。

猫咪的
欢乐出游三部曲

　　带着心爱的猫去游山玩水，是所有爱猫人最开心的事。但是，调皮的猫会配合主人的
脚步吗？想要和猫共同度过美好的旅行时光，最重要的是先让猫习惯并喜欢外出。另外，
要提醒主人的是，提篮是外出的必备品，猫的任何外出，包括看医生、旅行等，都少不了它。

让猫习惯外出

并不是每只猫在刚开始时，就可以很自在地和主人一同外出，主人必须训练猫咪，才能慢慢地让它习惯并享受旅行。猫外出的训练最好是从小开始，首先要让它习惯自在地进出提篮。训练时将猫放在提篮内，在家中走动，再慢慢延伸到电梯或楼梯间。等猫习惯之后，可以从散步逐渐改成坐车，扩大运动的距离。猫在坐车时，可能会产生焦虑的情绪而乱撞乱抓，所以必须先给猫修剪爪子，以免它紧张时乱抓东西，甚至抓伤人。为防止不习惯坐车的猫呕吐，最好在出发前让它禁食 4 小时，坐车前 1 小时要服用晕车药。此外，如果猫太紧张甚至发出叫声，主人要轻声叫它的名字并安抚它，直到猫安静下来。万一没有办法使它安静下来，就不要勉强，建议先下车。等它安静之后再继续旅程，否则，猫可能会因亢奋过度而导致体温上升等危险。

带猫去串门

很多养猫的人都想带着心爱的猫去亲朋好友家中串门，让他们分享自己的快乐，也让猫有机会认识更多的朋友。带猫串门之前，主人必须了解别人家是否适合带猫去，以免为别人带来不便。一般而言，要考虑的包括朋友家是否有小孩、是否有养狗、家中是否有人怕猫或对猫过敏等因素。虽然大多数小孩都很喜欢小动物，但他们常常不知道如何正确地与猫相处：有的小朋友会追着猫到处跑，有的小朋友会拉扯它的尾巴，等等。如果朋友家有小孩，应该事先教导他们，让他们知道以上动作都是猫咪不喜欢的，甚至会伤害到猫，再告诉他们如何与猫相处。朋友家如果有狗，要先询问狗有没有和猫相处的经历，是否会攻击猫，以免造成不快。朋友或其家人若怕猫或者对猫过敏，则不要带猫去玩。如果把猫带到朋友家，应先将门窗关好，再将猫放出来，这样是为了避免万一猫受到惊吓冲出朋友家而走失。

带猫去旅行

带猫出门旅行，若想快快乐乐出门、平平安安回家，就必须注意下面这些事项。首先，要避免感染传染病，一定要定期让猫接受预防针注射，这样才不会因感染传染病而生病，确保旅行期的健康。另外，猫在外面很容易生跳蚤，因此最好出门前就对之使用跳蚤预防药。狗在外出时可以到处遛，但猫对外面的环境不太适应，所以必须先预备一个通风良好的提篮。另外，猫还容易受到惊吓而走失，主人应给猫戴上有联络牌子的项圈，万一走失，以便找回。

带猫去旅行时，要准备好必带的物品，包括饮用水和水碗、猫粮和食碗，以及旅行用提篮、猫零食，若担心猫会焦躁不安，可准备有猫熟悉气味的衣服或毯子、玩具等。最后，旅行的交通工具和寄宿都是需要事先考虑的问题。最好选择自己开车旅行，因为火车上不允许带动物。如搭乘飞机，除了购买机票和预订舱位外，还必须带它去指定的动物医院办理免疫证书，并注射狂犬病疫苗，再持狂犬病疫苗注射证明和免疫证书提前办理动物出入境健康证书。这一过程相对比较麻烦，不过，解决猫的住宿问题则要简单得多。很多酒店都提供猫的寄宿服务，出发前可提前预订好。

PART 05
猫的医疗与照护

猫会生病，像人类一样，生病后也需要得到医护和治疗。
所以主人应该了解猫可能会生什么病、如何治疗，以确保
在猫生病时不至于手足无措。猫比其他宠物更需要关心和
爱护，所以如果想要宝贝猫健康快乐地生活，就必须了解
一些关于猫的基本的医疗知识。

常见的
猫疾病预防方式

与其等到猫生病了才急着去找兽医、灌猫吃药，还不如在猫健康的时候学会怎么帮它预防

常见的疾病。所以主人要经常带宝贝猫去医院注射疫苗，并定期做全面的身体检查，包括

皮肤和内脏等。猫不会像人一样在生病时告诉你它哪里不舒服，而如果你又是个粗枝大叶

的人，那你的猫一定会受到很多不必要的痛苦。所以，爱猫的你还要懂得一定的医疗常识，

以便做好疾病的预防工作，这是保证猫健康的常规方法。

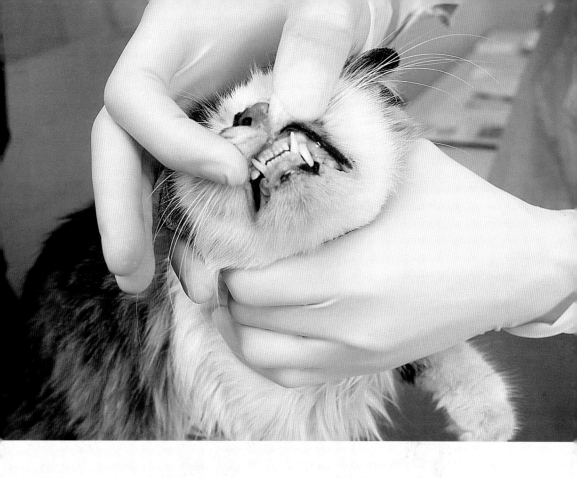

POINT 定期而仔细的健康检查

身体与牙齿检查

　　我们会经常到医院，为自己做一个全身的健康检查。所以千万不能忘记了宝贝猫，它们也一样需要这样完整全面的检查。这样，我们就可以把危害猫健康的疾病有效扼杀在萌芽状态，进而消除疾病隐患。主要检查猫是否患有牙周疾病。在检查牙齿时，看看齿龈是否有出血、充血、肿胀等情况，齿颈周围组织是否感染发炎，是否有臭味脓汁，牙齿是否松动，齿槽是否突起，牙周膜和周围齿龈组织部分或全部是否已经脱落……如果有以上情况出现，应该尽快进行治疗。

量体温与听诊

可以用人用体温计测定猫的直肠内温度。检查前将体温计的水银柱甩至35℃以下，在其表面涂一层润滑油，在旁人的帮助下，将体温计插入猫的肛门内2～4毫米，待3～5分钟后取出体温计进行读数。猫的正常体温是38～39℃，体温如果是39～39.5℃为微热，40.5℃以上为高热。

借助听诊器或直接用耳朵来听，这是根据动物内脏器官运行时发出的声音来检查异常现象的诊断方法。听诊能辨别出生理性或病理性疾病，确定声音发生的部位，还能估计出病变范围的大小，当然必须有一定专业知识的人才具有这种本领。它通常是检查心、肺、胃等脏器功能的常用听诊方法，包括听心跳、呼吸音和胃肠蠕动，等等。

肛门检查与触诊原则

健康的猫，肛门干净没有粪便，所以要经常把猫的尾巴撩起来看一看肛门，也能观察到一些情况，有利于及时对猫的健康情况做出判断。由寄生虫所引起的疾病和直肠生病等，均可直接反映在肛门部位。肛门处粪便污染严重，可能是肠炎的症状。肛门处如有米粒大小的白色颗粒，那是绦虫的一种，这种虫长 15～30 厘米，由若干个 1 厘米左右像黄瓜子一样的体节连缀而成。如有绦虫出现，可诊断为绦虫病。

触诊主要是观察猫腹部周围的大小及腹壁的紧张度。腹部胀气的表现为腹部周围急遽增大、腹壁紧张、敲击时声音响亮（如同鼓声）。腹部下围增大，但是用手触压多半有波动感，这种情况大多数是由腹水引起；腹壁紧张，甚至腹围变小，而且触之敏感，则要注意是否有腹膜感染或腹痛；如果外腹下部肿胀，可能有腹下部水肿。

四季疾病预防

四个季节的气候各有特点，猫的生理特征决定它们在不同季节里会出现不同的生理疾病。所以，在不同的季节要采取不同的方法来照顾猫。

春季与夏季

春季是猫咪发情和换毛的季节。1～3月是发情高峰期，母猫会表现出食欲不振，精神兴奋，在夜间发出比平常大声的叫声；同时，公猫也会外出寻找配偶，甚至还为争夺配偶打架，造成意外的伤害。所以应该特别注意发情与交配的管理，对外出回家的猫要仔细进行身体检查，发现外伤应及时治疗。春季也是换毛的季节，这一时期要注意帮其清洁皮肤和梳理被毛，以防引发皮肤病。

夏季气候炎热，空气潮湿，要注意预防中暑。猫的体表覆盖着被毛，又缺乏汗腺，对热的调节功能差，当外界温度过高时，特别是在高温潮湿的夏季易发生中暑。因此，夏季的猫窝应放在靠阴凉、通风的地方。天气热会影响猫的食欲，而导致其消瘦。同时，高温潮湿的环境最适合细菌、真菌等微生物繁殖，所以还要防止猫食物中毒。夏季的猫食应做加热处理，最好用新鲜的热食喂猫，每次喂食量不宜过多，以免剩余食物变质。凡腐败变质的各类食物，均不能喂猫。

秋季

　　到了秋季，猫的食欲会变得旺盛，主人应提高饲料的品质并增加分量，以增强猫的体力。猫此时又进入了一个繁殖季节，要注意求偶外出的猫，有无外伤和产科方面的疾病，在春季管理中提到的注意事项仍应加强。此外，深秋昼夜温差变化大，应注意保温和加强锻炼，预防感冒及呼吸疾病发生。

冬季

在冬季，猫的室外活动减少，易造成肥胖症，主人应增加室内逗玩运动。另外，可让猫在晴朗的日子多晒太阳。阳光中的紫外线不仅能消毒杀菌，而且还能促进钙的吸收，促进骨骼的生长发育，可防止小猫发生佝偻病。还要注意室内保温，如果用火炉取暖，要注意防止其被火炉烧伤；如果用煤气取暖，更要防止煤气中毒。室内外温差大，如果猫突然受到冷空气的刺激，易发生感冒，严重时可引发呼吸道疾病，所以最好保持室内温度的稳定。

猫常见
的病症与治疗

如同感冒是我们人类经常罹患的疾病一样，猫也有很多易罹患的疾病。要照顾好你的宝贝

猫，那就仔细看看下面这些常见的病症，如果猫不小心感染了其中一种，你就能非常熟练

地为它治疗了。

猫瘟热

由细小病毒引起，会造成各类白细胞减少，引起高热、血便、食欲不振、脱水等症状，死亡率在 25%～75%，即使痊愈，仍会在粪便及尿液中排毒达数月之久，且可附着在衣服上传染给其他猫。这种病毒非常厉害，可穿过胎盘，引起流产、死胎及畸胎等。预防方法是在猫 8 周时，第 1 次注射疫苗，1 个月后再注射 1 次，以后每年注射 1 次。而且病猫必须隔离，它使用过的床及餐具都要消毒。

高热、精神差、打喷嚏、咳嗽、结膜炎

病毒性鼻气管炎

　　这种病由猫的疱疹病毒第 1 型所引起，在猫体内一般潜伏 2 ~ 6 天，可引起高传染性的上呼吸道疾病。有高热、精神差、打喷嚏、咳嗽、结膜炎、黏稠的眼屎与鼻涕等症状。严重的话，出生不久的小猫眼睛会被脓液黏住而睁不开，产生舌、口溃疡。久病之后便成慢性鼻窦炎、溃疡性角膜炎及红眼炎。急性病病程 10 ~ 14 天，因此刚出生的幼猫常常会突然死亡，幼猫死亡率约达 30%，成猫死亡率很低。

猫卡力西病毒感染

它属于十分小的病毒，通过空气或经口感染，潜伏期长达 19 天，会引起眼和鼻的黏液
分泌、打喷嚏、精神不振、厌食、流涎和舌口溃疡，可单独或合并发生。病程为 1 ～ 4 周，
感染率高，死亡率不一，约达 30%。15 ～ 25 周的幼猫可能会因为病毒性肺炎、关节炎、
呼吸困难而死，有些还会出现神经症状。可在 8 ～ 10 周时注射第 1 剂，12 ～ 16 周时注射
第 2 剂，以后每年注射，须常与猫瘟热、鼻气管炎疫苗混合使用。

发烧、虚弱、脱水、呕吐、贫血

传染性腹膜炎

由冠状病毒传染，潜伏期约14天，病程长短不一，最长会拖2个月。症状常有发热、虚弱、脱水、呕吐、贫血等。此病分湿型及干型两种。湿型者腹腔内会有大量渗出液，造成腹部肿大，呼吸困难，而胸腔内也会有积水。而干型则伤及肝、肾、眼睛与中枢神经，使眼睛视网膜出血、角膜浮肿。治疗效果并不好，最后都会死亡，常发生在感染白血病毒之后，免疫系统被破坏而罹患此病。国外已有疫苗上市，只是还没有像前述三种疫苗一样的定期注射。

猫咪的
皮肤病感染原因

猫的有些疾病不一定是经由传染而发生，有可能由不良的饮食或者卫生习惯导致，比如以下常见的一些皮肤病等。因此，主人在平时生活中要多加注意，以免让不良的卫生习惯造成不必要的疾病，进而保证猫的健康和美丽可爱。

一般细菌性感染通常是局部的红疹或轻微脱毛，常见于腋下或后腹部，治疗上不会太困难，服用 7 ~ 14 日的口服药物即可痊越，不一定要剃毛。霉菌感染是一般猫科门诊的大宗病例，幼猫发病率又远多于成猫。临床表现为有大量皮屑，患部有皮肤增厚或泛红、脱毛，并且会出现新的病灶区，少数的同时会有瘙痒的现象。病原很多，常见有皮霉菌属、发癣菌属或念珠菌。

外寄生虫引起的皮肤病

这一类皮肤问题除外寄生虫叮咬造成的伤口外，主要是因过敏发痒所引起的二次性细菌（病毒）感染，一般较为严重，当然亦可能传染其他疾病，如跳蚤可作为绦虫的媒介。治疗上以消除外寄生虫为首要目标，并配合对症治疗，即可止痒与控制二次性细菌性感染，且收到令人满意的效果。洗毛精上可配合使用低过敏配方或抗菌配方。

内分泌性皮肤病

门诊上较少见，但比例相对较高的有粉刺和肥下巴等症状。猫的粉刺症状为嘴部有许多黑色的干性分泌物团块，清洁或洗澡也无法改善。另外，俗称"肥下巴"的内分泌性疾病，则表现为唇部或下巴浮肿，甚至成大团块，进而影响进食。

猫的皮毛极易招引外寄生虫，还有一些其他的原因，也能导致内寄生虫的产生。所以，猫的健康是需要时刻关注和负责的。了解一些基本的常识，有助于我们能更好地照顾猫。

猫弓形虫病症状

这是一种由弓形虫寄生于猫的细胞内所引起的以原虫病猫作为中间宿主感染的病，人畜共患。其症状分为急性型和慢性型两种。急性型：精神差、厌食、嗜睡，呼吸困难，病猫发热，体温常在40℃以上，有时出现呕吐和腹泻，孕猫可发生死胎和流产。慢性型：消瘦和贫血、食欲不振，有时出现神经症状，孕猫也可能发生流产和死胎。猫若作为终末宿主感染时症状较轻，表现为轻度腹泻。

猫弓形虫病防治

保持猫窝的清洁卫生，及时处理猫的粪便，要定期消毒。清理猫流产的胎儿及排泄物，并对流产的现场进行严格消毒处理，以防污染环境。

猫蛔虫病症状

它是由猫弓首蛔虫和狮弓首蛔虫寄生于猫的小肠内所引起的以腹泻、消瘦为特征的一种线虫病。幼虫移行时可引起腹膜炎、寄生虫性肺炎、肝脏损伤及脑脊髓炎等症状。成虫寄生于小肠内，可夺取营养，对肠道的机械性刺激很强，会引起肠出血、消化功能紊乱、呕吐、腹泻、身体消瘦和发育缓慢等症状；当蛔虫寄生过多时，可能引起肠梗阻。蛔虫可分泌出多种毒素，会引起神经症状和过敏反应。

猫蛔虫病防治

注意环境、餐具、食物的清洁，要对小猫进行定期驱虫。

猫钩虫病

猫钩虫病是由狭头钩虫寄生于猫的小肠内引起的一种寄生虫病，会使猫食欲大减，时而呕吐，有消瘦、贫血、消化障碍、下痢和便秘等症状交替发生。粪便带血或呈黑油状，严重时可导致猫昏迷和死亡。最主要的防治方式，便是保持猫窝的清洁卫生，及时清理粪便，用消毒药水经常喷洒猫活动的场所，以杀灭幼虫，并对猫进行定期驱虫。

猫疥螨病

  猫疥螨病主要是由猫背肛螨虫寄生于猫的皮内而引起的寄生虫病。本病主要发生在猫的耳、脸部、眼睑和颈部等部位。患病的地方会剧烈发痒、脱毛，皮肤发红，有疹状小结，表面有黄色痂皮，严重时皮肤增厚、龟裂，有时病变部位继发细菌感染而化脓。防治方法最主要的措施是加强日常管理：保证猫的身体、居住场所及一切用具的清洁卫生；经常给猫洗澡，梳理被毛，以增强幼猫体质和提高皮肤抵抗力。如果发现被毛脱落和有鳞片样结痂时，应及时送兽医院诊疗。

猫蚤病

　　它是由猫栉首蚤寄生于猫的体表所引起的一种外寄生虫病。这种蚤也寄生于狗和人。

蚤会叮咬、吸血，同时分泌毒素，影响血凝，造成身体奇痒，干扰睡眠和休息，能使病猫

烦躁不安，时间久了会影响其体质。防治方法就是经常给猫窝消毒，猫窝内的垫子要保持

干爽，要经常为猫洗澡和梳理被毛，保持被毛的清洁卫生，防止猫蚤寄生。

猫虱病

　　猫虱病是由猫毛虱寄生于猫的皮肤所引起的一种外寄生虫病。此病会有皮肤发炎、脱毛等症状，病猫会因发痒而烦躁不安。防治方法，平日多替猫的身体和活动的范围清洁、消毒，可有效预防这种病。此外，平常在帮猫洗澡、梳毛时，应留意被毛间有无虱或虱卵，发现虱或虱卵时要尽早治疗。

猫咪的
各种医疗小常识

　　平常带小猫出门时，一定随时随地留意它的情况，以免出现意外或不测，急救箱应是首选。简单的急救箱应该包含下列物品：温和的眼药膏（先请教兽医师），清洁与消毒用的外科酒精，敷药包扎用的胶布、棉花棒、绷带及棉花或扭伤与四肢受伤用的纱布绷带，适合猫使用的消毒液，可利用塑胶喷雾器喷在伤口上的消毒粉和白色棉布绷带等。一旦猫遭受到意外的伤害，主人最需要做的就是先冷静下来检查它的情况，再参照每一种意外伤害的处理程序帮猫急救，并尽量减轻它的痛苦。

出血

　　可用 3 种方式控制出血，即施压法、绷带法及止血带止血法。以施压法止血，就是在出血处覆盖干净的布或纱布，再持续施压，持续施压 4 ~ 5 分钟后缓缓放松。如果严重出血的情况仍然持续，应以施压法辅以绷带，这就是绷带法：施压的方式与前一种方法相同，施压 4 ~ 5 分钟后，再用绷带将纱布紧密包扎，1 个小时内要更换绷带以确保血流已停止，同时包扎时不要绑得太紧。如果伤口血流不止，或者当施压及绷带止血法都无法止血时，就应以止血带法止血：可利用管状绷带或干净的布包扎伤口，将止血带置于伤口与心脏间，用力扎紧，以控制出血。而且，每隔 15 分钟就要将止血带放松一下，接下来，应该赶快送猫到医院接受进一步的治疗。

触电与包扎

　　猫可能会遭受电击，电击会使流到大脑及其他重要器官的血流量急遽减少。猫若遭到电击，会出现牙龈的脉搏可能变得很微弱、身体虚弱、心跳缓慢、体温下降、呼吸急促等症状。这时，应首先检查猫的嘴巴（与施行人工呼吸前的动作相同），接着以施压止血或以止血带止血，让猫的头部低于心脏，同时要为它保温。在为猫急救的同时，应请旁人帮助联络兽医师。包扎时一定要将绷带绑好，松紧程度要把握好，既不能太松也不能太紧，如果绑得太紧会中断血流。先用肥皂、温水或抗菌纸巾将伤口擦干净，轻轻拍干后再放上不沾黏的纱布垫，用纱布层层包裹，最后再以胶带固定。如果在一个小时内有肿胀的情况，就得重新包扎。

POINT 皮肤轻度烧伤及皮肤深层组织烧伤

烧伤

　　常见的烧伤分成皮肤轻度烧伤及皮肤深层组织烧伤两种。对于部分皮肤轻度烧伤，可用 2% 的硼酸溶液清洗患部，待干后涂以防腐液（如 5% 高锰酸钾溶液）以促使烧伤面结痂，或涂青霉素软膏、红霉素软膏等，防止烧伤组织感染。对于皮肤深层组织烧伤，早期（2小时内）可用 3 ~ 17℃的水冷敷或对伤口冷浴半小时，用防腐液清洗患部及其周围后，再借助手术切除坏死组织，配合使用镇静、止痛和解毒药物，预防休克。为了防止发生败血症，应使用抗生素配合治疗。

骨折

治疗时，应先使错位骨回复到原位（整复前应麻醉），可使用伸推、按、压等手法，然后立即进行固定。固定方法有外固定和内固定两种：外固定法用石膏、绷带、夹板等外物固定，内固定法多用各种规格金属内固定材料进行固定。受伤的地方固定后，将患猫放在猫窝或笼子中并限制其活动，内服消炎镇痛药，减轻疼痛程度。小猫一般3周后即可复原，但并不意味着小猫就可以自由活动了，必须在主人的监护之下适当运动，以免再次受伤或加重伤势。

注意

使用抗生素预防。控制感染的同时应加强营养。在食物中适当增加维生素A、维生素D和钙制剂，对骨折的越合和猫的尽快康复有一定的作用。

中暑

猫中暑后，应立刻将猫放在阴凉通风处，然后用冷水擦拭猫的身体，加速积热的散发。在猫头部可放置冰棒或冰袋，以缓解脑及脑膜的充血状态，并配合皮下注射20%的樟脑油精2毫升，或皮下注射5%葡萄糖氯化钠，效果都不错。也可在病猫鼻端、太阳穴、四肢、掌心等部位涂擦风油精，数分钟后，猫便可苏醒。

生理病痛

　　猫有很强的忍受病痛能力，因此通常很难被人发现有病症。所以，平时需要多观察它们的作息，看看是否有异常的情况出现，越早发现，治疗的效果就越好，这一切取决于主人的细心观察。

　　治疗胃肠炎引起的腹泻，可口服止泻药或静脉注射葡萄糖氯化钠溶液，效果较为理想。若是难产发生，猫的子宫还没有张开，可先注射雌激素，同时让其口服少量白酒，待子宫颈张开后再注射催产素；若因产道狭窄、胎位不正、用催产素无效或生产过程太长而引起难产，应立刻实施剖宫手术，以确保母猫和胎儿的生命安全。

急救小秘诀

宠物猫受伤时，应要注意下列几点：

★ 在最理想的状况下，应用担架来运送受伤的猫。可用两根棍子或棒子穿过上衣的袖子，或用毯子自己做一个担架，也可以用纸板或木板充当担架。若运送受到电击或出血的猫，为避免它因过分疼痛而乱咬，应先在其嘴巴上戴上口罩。

★ 如果伤口有出血的情况，要先止血。如果只是轻微的伤口，在清洗干净后，用绷带配合不沾黏的纱布垫、消毒纱布垫或纱制绷带包扎。

★ 伤口长度如果超过5厘米，宽度超过1.5厘米，就需要缝合。

★ 1个小时内要更换绷带，如果第1次包扎后仍然血流不止，则应赶快送医院。

★ 如果伤口位于宠物的四肢，则要注意检查脚掌内是否有异物，确定没有后，再以绷带包扎；如果猫受了刺伤，要先仔细清洁伤口，并保持干净，以免肿胀发炎；如果猫被咬伤，就应立刻带它去看兽医师，以便处理伤口消毒和防疫，防止感染传染病。

猫咪的
日常美容与清洁

　　猫和其他的哺乳动物一样，需要完善的饮食搭配，需要摄取身体必需的各种营养物质。因此，主人要针对它们的身体构造特征进行细心地饲养。猫还有不同于其他宠物的乖戾性格，所以，主人一定要细心了解宝贝猫，以便进行有效地调教，让它能够快乐地成长、生活，同时带给我们无限的快乐。每天花点时间给宝贝猫洗个脸、刷个牙、洗个澡，再梳梳毛，一个干净清爽的宝贝猫立刻就出现在你的眼前，走出去一定会受到大家的注目，而宝贝猫也会因为你的悉心照顾而对你百依百顺！猫的眼睛常常因为感染而出现大量分泌物，尤其是在换毛的季节。所以，眼睛的日常清洁就显得非常重要了。

眼睛清洁步骤

STEP 01

用手轻轻掰开猫的眼睛。

STEP 02

在给猫清洗眼睛时，可用纱布蘸取温水擦洗。

STEP 03

清洗干净后，向猫眼内滴入几滴眼药水或挤入适量四环素眼药膏，可以消除眼部炎症。隔几秒钟后，再将溢出物用棉球擦干净即可。

耳朵清洁步骤

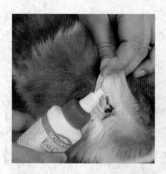

STEP 01

在耳朵滴入清洗剂。

STEP 02

将耳朵盖上，用手按摩耳朵底部。再将耳朵轻轻拉开。

STEP 03

用棉花棒在耳朵内轻轻旋转后抽出，以便将耳朵里的耳垢擦拭干净。

牙齿清洁步骤

STEP 01

将猫的头固定，嘴唇掰开。

STEP 02

先在猫的嘴唇涂一点宠物牙膏，让它先适应味道，然后用棉花棒轻轻触碰牙肉，让它适应牙刷的感觉。再用牙刷对猫的牙齿前后左右进行细心、轻柔地刷洗。

STEP 03

还可用浸湿的纱布对猫的牙齿、牙龈进行清洗和按摩。

POINT 眼睛与耳朵

各种清洁小叮咛（一）

　　眼睛清洁用具经常使用纱布及眼药水，另外，还可以用棉球蘸取2%的硼酸水溶液轻轻地擦拭猫眼睛周围的分泌物。猫的耳朵容易积污垢，需要经常清理，每月应清洁1～2次。一般在洗澡后清理，可用棉花棒沾一点儿药用橄榄油或婴儿油涂抹耳朵，工具常为清洗剂、棉花棒等。棉花棒最好是采用药用专业棉花棒，因为普通的棉花棒容易脱落。若耳垢已结块，则先用酒精消毒外耳道，然后用滴耳油或2%的硼酸水溶液湿润耳垢，待其软化后，再用消过毒的小镊子轻轻夹出。

各种清洁小叮咛（二）

　　如果猫长期食用软性食物，半年就会有牙结石，三年后牙齿会变成茶色，所以最好一年清除牙结石一次，才能保证猫牙齿健康。平常可将干净的棉布包在手指上，在猫的牙齿和牙龈间按摩，防止它生牙结石。要养成给猫刷牙的习惯，如果猫调皮乱动，可以请人帮忙，一起为它进行牙齿的清洁；若猫强烈排斥刷牙，也可以定期喂食除臭饼干，进而保证牙齿清洁。

猫咪专属的
医疗设备介绍

猫生病的话，当然需要进医院治疗。我们应选择正规的医院和先进的医疗器材，这样才能

让猫在接受治疗的过程中减轻痛苦，也能更快恢复健康。

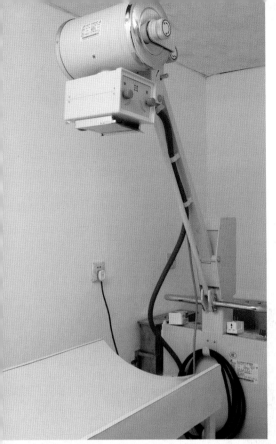
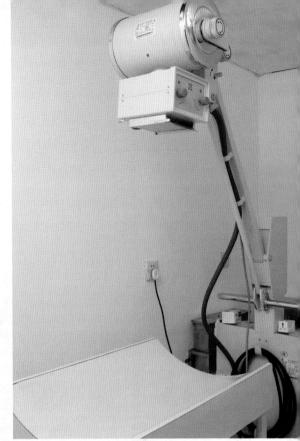

无影灯与 X 光机

　　手术无影灯是一种手术照明设备。灯头采用全封闭流线型设计，不积灰，消毒方便，而且内部使用的零件，特别是反射镜表面的冷光膜镀层，可免受手术室消毒时引起的腐蚀。灯的平衡器采用内藏式结构，造型美观。灯头上下拉动轻巧，定位稳定，能够确保手术顺利进行。X 光机是一种医用透视设备，用于非创伤性内脏检查。它装置容量大、效率高、穿透力强、影像清晰度高、防护力强，是检查猫的胃肠道、支气管、血管、脑室、肾、膀胱等器官的重要医学诊断设备。

帮猫咪
洗澡的详细步骤

一般来说，第一次给猫洗澡的时间越晚越好，至少也要等满月，两个月的时候洗澡效果最好。第一次洗澡时，不要给它泼水，否则它可能会对水和洗澡产生恐惧心理。洗澡前要先修剪它的指甲，可戴清洁手套防止被猫抓伤。洗澡时，先把猫的脚放进水里，让它先适应一下，要边洗边跟它说话，动作要温柔，让小猫感觉舒服、没有畏惧感。为防止猫乱跑乱动，应该关上浴室门，将其控制在浴缸、大水桶、墙角等地方，也可把猫装在猫洗澡专用架里，这样猫多半会停止反抗，安静下来。此时，我们就能轻松彻底地为猫洗净全身。

帮猫咪洗澡的详细步骤（一）

STEP 01

先用手试探水温，在 38℃ 左右比较好，再将猫放进浴池。

STEP 02

淋湿猫身上的毛，注意将猫脸稍微抬高，以免把水弄进它的眼睛或鼻子。

STEP 03

在猫的被毛上擦拭专用洗毛乳。

帮猫咪洗澡的详细步骤（二）

STEP 01

用手按摩搓洗前肢。

STEP 02

再用手按摩搓洗身体，也可使用沐浴海棉。

STEP 03

用手按摩搓洗后肢。

帮猫咪洗澡的详细步骤（三）

STEP 01

用手按摩搓洗头部。

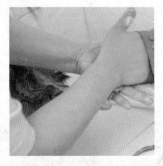

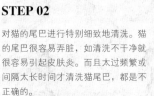

STEP 02

对猫的尾巴进行特别细致地清洗。猫的尾巴很容易弄脏，如清洗不干净就很容易引起皮肤炎。而且太过频繁或间隔太长时间才清洗猫尾巴，都是不正确的。

STEP 03

用手按摩搓洗脸部。

帮猫咪洗澡的详细步骤（四）

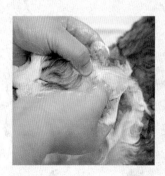

STEP 01

用手按摩搓洗耳朵。

STEP 02

冲洗身体。用莲蓬头贴着身体，从头部到脖子再到身体，彻底冲洗干净。

STEP 03

重复以上步骤，清洗两遍。

帮猫咪洗澡的详细步骤（五）

STEP 01

洗完澡后，顺着毛生长的方向抹去水分，再用毛巾裹住身体吸水，注意要轻轻地擦去脸部的水。

STEP 02

用吹风机将猫身上的水吹干。先吹胸前的毛，再吹身体，注意四肢可以反方向吹。

　　当猫变成人类的宠物之后，对其日常的清洁工作也就成了主人的责任。但养过猫的人都知道，给猫洗澡是一个很大的难题，因为猫天性怕水，虽然猫长了很多毛，但防水功能却很差。没有洗澡习惯的猫很讨厌身体被弄湿，所以想要让猫爱上洗澡，首先要让它习惯洗澡，一般而言，从猫在 4 个月大小的时候开始培养会比较容易。给猫洗澡的时候，一定要讲究手法，不能用手指抓或挠，而要用双手指腹边洗澡边按摩，注意不能太用力。另外，一只手抓着猫后颈，用另一只手给其洗澡，这样对胆小的猫能起到安抚的作用。同时以轻柔的声音和它说话，可以增加主人与猫的感情，猫也会慢慢习惯洗澡。

　　猫皮肤的角质层比人类少很多，毛上有一些很珍贵的保护油和微量元素，身上也会分泌一层防止灰土沾身的油脂。若经常为猫洗澡，它会因发痒而挠抓使得皮肤表面受伤，从而引发红疹等病症，所以，给猫洗澡，每个月一次就可以了。洗澡前，应该让猫进行简单的活动，使它排掉大小便。洗澡时，最好拿棉花球塞进猫的耳朵，以防止进水而感染。最后一定要注意，所有猫的洗澡用具和用品必须是猫专用的，绝对不能用人类的来代替。

猫咪
专属的美容护理

猫很喜欢洁净，所以经常会用舌头舔自己的身体，以去除污垢和梳理毛发。但是不能因此就把对身体的呵护全部交给猫自己，因为被毛再软也有舌头无法舔到的地方，特别是长毛猫。因此，单靠猫自己很难保持皮毛的洁净和身体的漂亮，这时主人的帮助就显得非常必要了。

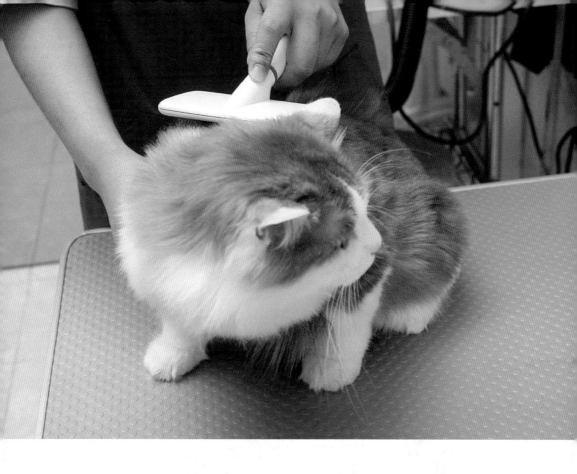

毛发梳理

　　短毛猫易梳理，一般每周用密齿梳从上往下梳两三次即可。为增加被毛的光泽，可在梳理后用一把橡皮刷或软毛刷顺着毛的方向刷，刷完后擦上毛发上光剂，然后用绸布、丝绒等物品磨亮被毛。长毛猫的毛没有短毛猫的易梳理，为了防止毛纠结在一起而影响美观，需每天梳理 1～2 次，每次 15～30 分钟。给猫每天进行毛发护理不仅能除去污垢和虱子，防止毛球，而且梳理和刷毛还有利于血液循环，促进皮肤的新陈代谢。

帮猫咪梳理毛发的详细步骤（一）

STEP 01

用梳齿梳清皮屑和打结的毛，注意力
度不要太大。

STEP 02

等毛都理顺后，再用密齿梳进行梳理。

STEP 03

用钢丝刷清理完所有脱落的毛，往被
毛里面撒一些爽身粉，有利于被毛的
蓬松，然后将爽身粉清除干净。

帮猫咪梳理毛发的详细步骤（二）

STEP 01

再用密齿梳梳理全身，使毛蓬松耸立。

STEP 02

喷洒香水，能掩盖猫身上的味道。猫干净清爽，更讨人喜爱。

清除
猫身上的跳蚤

跳蚤是一种导致猫产生奇痒、过敏性皮肤炎和寄生虫病（绦虫）的寄生虫，它不仅对猫有害，还可能殃及主人。在为猫梳理毛发时可能会发现有跳蚤，这时不要惊慌，只要采取适当的措施，就能很快把跳蚤清除。用齿密的梳子梳理猫的毛发时，如果有跳蚤卡在梳齿里，不要把它碾死，应该黏在胶条上或是放到溶有洗涤剂的水里杀死。如果碾死，跳蚤体内的绦虫卵会飞出来，可能还会被猫舔食到体内。一旦在猫身上发现一只跳蚤，周围就可能有无数只，要赶紧消灭。

　　清理了猫身上的跳蚤后，还应该对家中进行彻底清洁。漏网的跳蚤或掉在床上的跳蚤，要用吸尘器彻底清除，特别是屋子的角落、木地板的边缘、地毯、毛毯的毛间等要细心清理。如果这样还没有清除干净，就在屋里挂杀虫板或者将其放到地毯和毛毯下。不过，杀虫板虽是跳蚤的克星，但对人和猫都有害。因此，除非是家里跳蚤泛滥，万不得已时暂时用一下。有小孩和猫宝宝的家里还是不用较好。最后，消灭跳蚤的关键还在于保持猫身体的清洁，专门用于杀跳蚤的洗发剂和护理液就可用来对付用梳子也清理不掉的跳蚤。洗的时候，从头开始一点一点地用水淋湿，让跳蚤无路可逃。对于不喜欢洗澡的猫，可以给它用跳蚤粉，一定要用猫专用的，分开撒在可能有跳蚤的耳后、腹部和腿跟的毛发处。要把手插进去再撒上跳蚤粉，然后用毛刷梳理。即使是在跳蚤非常猖獗的时候也要隔2～3天才撒一次，不能每天都撒，以免对猫造成伤害。

为猫咪
进行美甲

如果没有适当地磨爪，猫的指甲会很容易过度生长而刺到脚掌。因此，如果你爱护宝贝猫，

适时给猫修剪指甲是非常重要的。人用的指甲剪是细长的，不适合猫，所以必须是猫专用

的才行。指甲剪要锋利，以免将猫的指甲剪破。

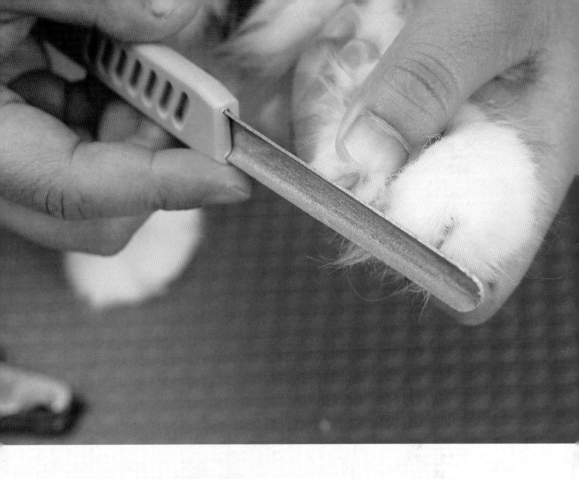

适时地给猫剪指甲是非常必要的，猫的前肢爪一般每 1 ~ 2 周剪 1 次，而后肢 3 ~ 4 周才有必要剪 1 次。小猫一般每周要剪 1 次指甲，特别是前爪。猫的爪子太长而又没有磨掉的话，不仅容易刺到脚掌，而且会勾到其他东西，还可能会从根折断，造成出血。首先是剪爪，剪的时候将猫由后面抱起放在腿上，横向剪指甲透明处 1 ~ 2 毫米，注意不能剪太多，否则会引起猫疼痛而让其反感。只有让猫习惯被人推爪子的动作，以后才有可能顺利地修剪它的爪子。剪指甲的时候，切记不能强制进行，也不要剪太多。对着灯光照一下，猫的爪子只有爪子尖有一小截透明的部分（不超过 1.5 毫米）是可以剪的；四周白色半透明的部分，最好不要碰；再往里面是粉色的部分，绝不能剪。

照顾
年老的猫

一部车子开了十几年，零件都会有不同程度的磨损，随着时光的流逝，猫会和人类一样逐渐老去，生理功能也开始老化。老化和生病不一样，它主要展现在身体器官功能退化及组织再生能力变慢，容易生病和受伤，进而需要花更多的时间恢复。另外，它还会因为身体代谢变慢而变得肥胖。

年老的征兆

老猫的生理功能发生的变化主要体现在以下几个方面。首先是抵抗力变差，随着年纪变大，猫对疾病的抵抗能力逐渐下降变差，细菌和病毒比较容易入侵。同时，肾脏本身功能退化或心脏循环变差，会降低过滤肾脏血液的能力。猫喝水量变多、尿尿的次数增加，这表明肾出了问题，一旦肾脏丧失过滤血液的功能，体内有毒物质无法排出，猫很快就会死亡。另外，关节炎常会让猫活动力变差，尤其是年轻时候骨骼受过伤的猫情况会更严重。猫的关节变得比较僵硬，骨质也会慢慢疏松，容易造成钙质流失而增加骨折的机会。运动可能会导致身体疼痛，老猫因此很少走动，这样又会使得肌肉更加萎缩无力。

再者，大多数的老猫都有一口烂牙，还有又厚又硬的牙结石，这常让猫苦于牙周病而食欲不佳，口腔内发出的恶臭也会让主人感到困扰。老猫因心脏老化，会失去原有的功能，无法将血液输送到身体各部位，血管口径变窄、弹性变差，血液循环随之变差，所以老猫比较怕冷。此外，其呼吸系统也开始退化，无法供应身体足够的氧气，气管变窄、肺脏纤维化而容易发生呼吸道感染。从外表上看，老猫的毛发开始变得稀疏没有光泽，皮肤弹性变差而容易受伤。皮脂腺油脂分泌不够，使得皮毛又干又涩，深色皮毛的猫也会长出灰白色的毛发。老猫的耳膜变厚，使得它们的听力越来越差，猫主人通常不容易发觉，常在被猫无故攻击下，经过兽医的诊断才知道它的听力不行了。老猫的视力也会退化，甚至可能有白内障，猫主人常等到猫找不到食物或撞到家具的时候，才会发现老猫的视力退化。

POINT 低热量、高纤维的食物

特殊照料

如同人不能不服老一样，猫也得面对身体功能老化的问题。在猫老化的过程中，会因为营养摄取缺少或偏少某种营养而使老猫身体代谢失调，因此在老猫的饮食中，需要特别注意营养的均衡。由于肠道蠕动变差，必须在食物中增加纤维的含量，以促进肠道的蠕动。而且老猫吸收营养的能力远不如年轻时候，食量虽然不变，但体重会明显下降，对蛋白质的需求和热量的消耗都会减少，因此，食物宜选用比较易消化的猫食，而低热量、高纤维的食物可以避免活动量不足的老猫体重过重。

　　此外，猫的很多器官功能都不如从前，饮食上也要开始节制。不要给它进食过多的蛋白质，因为其肾功能已经开始退化，最好选购专门为老猫调配的食物，以便减轻其肝肾的负担。还要在日常食物中添加葡萄糖胺，这样有助猫关节囊液的制造，延缓关节退化的时间，以免猫因关节功能退化而痛苦。主人除了在饮食上要贴心照顾猫以外，在行动上也要对老猫充分照顾。随着年龄的增长，猫的行动开始变得迟缓，甚至连爬上猫食器都很不容易了，因此，要为老猫设计一个没有障碍的空间，让它能舒适活动。首先要尽量减少上下楼梯的机会，这样能让老猫摆脱关节炎之痛；其次，老猫在家中喜欢活动的地方，也应该尽量把其高度放低，特别是老猫吃饭和睡觉的地方尤应如此。

　　前面已经说过，年老的猫比较怕冷，因此，主人需要注意保持室内温度的稳定，这对老猫非常重要。最后，老猫因为有骨刺问题，会拒绝刷毛和抚摸，所以，如果你想表达对老猫的爱，一定要尽量用轻柔的动作，以免造成它的疼痛。当猫上了一定的年纪，那么，主人一定要注意它们的身体变化，任何细节都不能忽略，因为这都可能是严重疾病的征兆。因此，每年的健康检查是不可或缺的。老猫的健康检查包括粪便检查、尿液检查、血液检查、X 光检查等。粪便检查可以查出猫咪体内是否有寄生虫、消化酶是否正常、是否有不正常的溃疡和出血。肾脏功能是否正常、有无糖尿病则属于尿液检查的范畴。血液检查主要是检查身体各项器官功能是否正常，还包括有无感染或贫血、潜在肿瘤疾病等。肾、胆、膀胱等部位是否有结石，心脏及肝功能是否正常，是否有关节炎等，这些都需要通过 X 光检查才能得到结果。

爱猫的最后一程

　　即使有再好的照顾，猫的身体总是会随着时间的流逝而日渐衰老，生活品质也不如从前那样舒服安适，甚至不能再快乐地活下去。这个时候主人就要知道，是和爱猫说再见的时候了，尽管这是一件让人感到悲伤的事情。如果猫承受着生命末期巨大的疼痛，选择终止它的痛苦和不幸，应该是一件最困难但也是最仁慈的事情。这样做的目的是阻止那些疼痛侵蚀心爱的猫，让爱猫安乐地走完一生。如果15岁老猫被诸多疾病无情地折磨；如果猫忍受了极大的病痛，并且这病是无法治越的；如果猫已经老到无法控制自己的大小便，那么，不要犹豫，想想它在这些年来的爱和陪伴，在适当的时候做出正确的决定，让猫安心地走完最后一程，这是对它最大的尊重和爱。

猫与下一代

繁殖后代是动物界永不变的规律，猫也不例外。幼猫经过一段时间的饲养，长大成熟后，

便会开始它们的甜蜜爱情生活，很快也会迎接它们的下一代。作为主人的你，是否已经做

好了充分的准备来迎接猫的下一代呢？

发情与交配

　　猫和世界上的其他动物一样，有着对爱情和情欲的渴望。所以，要想照顾好宝贝猫，了解它这一特点是非常重要的。猫在发情的季节里可以多次发情，这一点与牛羊等动物相同。猫的发情周期为 2 ~ 3 周，在发情期也能排卵。如果出现持续发情，周期就会延长。据统计，猫发情周期为 21 天的占 74%，持续发情的只占 12%，周期变化不定的占 14%。如果交配后排卵了，但未受孕，则周期会延长至 6 周左右。在室内群养的情况下，每只猫每年可以发情 4 ~ 25 次。一个发情周期包括发情前期、发情期、排卵、发情后期和乏情期五个阶段。

　　公猫的繁殖器官包括睾丸、输精管和阴茎等。公猫的睾丸一共有 2 个，位于阴囊内。阴囊紧贴身体，睾丸在性成熟后产生大量精子。输精管是两条细长的管道，是输送精子到阴茎的通道。阴茎是交配器官，通过交配，将精子射入母猫的生殖道内。母猫的生殖器官包括卵巢、输卵管、子宫、阴道。卵巢位于腹腔内腰部，左右各 1 个。它的功能是产生卵子、雌激素和孕酮。子宫是胚胎发育的场所，子宫长约 2 厘米。阴道是器官交配和胎儿产出的通道。如果想得到品种优良的猫，一般应在和自己猫同品种的猫内选择种猫，并进行有目的地近亲交配，将这种猫的遗传特性逐步固定下来。

  如果公猫和母猫具有相同的缺点，则一般不宜进行交配，否则会将缺点遗传下去。所以，要想得到品质良好的猫宝宝，则需要有目的地选种交配：在配种时，要选择生长发育良好、身体健壮、食欲正常和无病的猫；母猫体重在2.5千克以上，公猫体重在3千克左右，公猫和母猫在体型上要大小适合，以免引起伤害。选种与选配时还应该防止疾病的干扰，确定好种猫以后就可以交配了。猫在交配的时候，主人一定要注意保持环境的黑暗和安静，交配最好是在夜间进行。主人如果要观察猫是否交配成功，最好躲在暗处，或站在室外通过门窗玻璃观看，避免弄出声响而影响它们。

孕期护理与怀孕征兆

　　猫的妊娠期为 58 ~ 71 天，平均 63 天。怀孕后的母猫，因为生理功能及营养代谢都与平时不同。所以，猫主人一定要更加精心地饲养和护理。既要保证母猫的营养均衡，以确保新生命能健康成长，但也不可过度喂食，以免母猫因运动过少而肥胖，导致难产。要观察母猫是否怀孕，在母猫交配后的 2 天左右，可以通过母猫的外部表现来判断。早期表现为乳头的颜色逐渐变成粉红色，乳房明显增大，食量逐渐增多，喜欢静而不愿意动，行动小心谨慎，不太愿意与人玩耍，睡觉时间增多，睡觉姿势一反常态，喜欢伸直身子躺着睡。此外，外阴部肥大，颜色变红，排尿频繁，不再发情。如果你的宝贝猫有这些情况，那恭喜你了，它很快就要当妈妈了。

　　母猫怀孕后，除了满足自身的营养需要外，还要为胎儿的发育提供营养物质，因此，对怀孕母猫要适当增加营养。妊娠初期，无需给母猫准备特别的饲料，按照平时的喂食标准，再适当添加些动物性饲料就可以了，不过饲喂一定要准时。妊娠 1 个月后，胎儿开始迅速发育，此时母猫体内的新陈代谢速度加快，对各种营养物质的需要量急遽增加。所以，饲料配食要以品质高、体积小的动物性蛋白质饲料为主，如瘦肉、鱼、牛肉、鸡蛋、牛奶等。到了妊娠后期，因为胎儿占据了母猫腹部很大的空间，所以应该采用少量多餐的方法喂食。到了临产前，每天喂 4 ~ 5 次，夜间也可喂食，适当给母猫增喂一些富含维生素的蔬菜等绿色饲料，并添加些钙剂。

　　妊娠母猫也应该进行适当的运动，这样不仅有益身体健康，而且也有利于正常分娩。在怀孕后期，母猫由于腹部膨大，因此行动会变得缓慢、笨拙。因此，主人一定要小心，不可让母猫做剧烈运动，只要适当运动，保证活动量即可。每天可以把猫抱到室外活动和晒太阳，晒太阳不仅有利于对钙的吸收，对生产也非常有利。另外，孕猫的生活环境一定要安静，不要让人或其他动物去打扰它，因此，除了必要的接触之外，应尽量避免打扰或惊动它。猫窝最好放置在安静、干燥、温暖的地方。妊娠母猫的腹部如果受到不正常的挤压或因为惊吓逃窜而剧烈运动时，往往会造成胎儿的发育受损。所以，猫主人一定要提高警觉，防止人为的影响对孕猫产生损伤。另外，还要提前让猫对它的产房进行熟悉，东西不要随便变换位置，饲养人员和食物等都应该相对稳定，这些都能增加猫的安全感，对顺利分娩将十分有利。

POINT 通过手术使公猫、母猫失去生育能力

帮猫咪结扎

　　如果不想让宝贝猫四处"留情"而导致家无宁日的话，那就只能选择果断的方式，帮你的爱猫进行结扎手术。虽然这样的方式不一定是最好的，但如果不想因为无法负担饲养太多小猫造成随意丢弃猫咪的问题，主人还是狠下心来为宝贝猫做结扎手术吧！猫的结扎其实就是为猫去势，即通过手术使公猫、母猫失去生育能力。实施去势手术对猫的健康没有不良影响，反而会使猫的性情更加温顺，更易于调教。

公猫结扎

公猫去势就是实施睾丸摘除术。公猫在出生后6～8个月，就可达到性成熟，睾丸能产生精子，进而出现发情现象。猫发情时，大多数都兴奋不安，叫声比平时高亢，经常在夜间闹得主人和邻居无法正常休息。此外，公猫身上还会分泌出一种难闻的腥臭味，给主人们带来不安和烦恼。因此，如果不是为了育种繁殖而养猫，就可以采取手术为公猫做结扎手术。

　　公猫去势一般在其 9 个月大前后进行。手术前猫应停食半天，以防止麻醉时胃里的食物流出并误入气管。手术前应先清洗阴囊部位皮肤，尾根用绷带包扎固定，手术后剪毛消毒，然后擦干身体。猫麻醉后侧卧绑定，切去两侧睾丸，切口再用碘酒消毒，不必缝合伤口。手术后要注意切口有无出血，如果有出血，则应该找出精索，重新结扎。另外，一定要保持伤口部位的干燥清洁。

摘除卵巢

母猫结扎

　　母猫去势就是摘除卵巢，去势年龄在 6 个月左右。母猫术前和公猫术前的准备工作基本相同。将母猫全身麻醉，仰卧绑定后，手术部位剃毛消毒，以防感染。术后应该避免剧烈运动，并进行抗感染的治疗。母猫手术后的护理也与公猫基本相同。术后 2 天内，母猫的食量可能会减少，稍后会逐步恢复正常。术后 7 天，拆除皮肤切口上的缝线。拆线前的几天应该禁止给猫洗澡，以防伤口感染。

猫疫苗施打小常识

　　定时为爱猫打疫苗，能够有效预防猫瘟等恶性传染病的发生。猫瘟病毒对 4 个月以下的小猫危害性非常大，而且该病毒不通过直接接触就能够传染。所以，为了让爱猫可以健康地长大，请主人们按时带猫去动物医院接种疫苗。接种疫苗的时间在猫 12 周左右，1 岁前共打 2 次，2 次间隔 20 天，以后每年打 1 次，就可以保护猫的健康，拒绝猫瘟和其他疾病的侵害。目前比较常用的猫疫苗为三合一疫苗、五合一疫苗及狂犬病疫苗。

　　三合一疫苗可以预防猫瘟、猫卡里西病、猫病毒性鼻支气管炎等疾病，注射后，免疫有效期为 1 年，故每年应定期施打 1 次。五合一疫苗可以预防上述三种疾病，再加猫白血病、猫披衣菌肺炎，注射后，免疫有效期也是 1 年，故每年应定期施打 1 次。狂犬疫苗是为了避免狂犬病而施打的疫苗，注射后，3 个月以上的猫就可以免疫，免疫有效期为 1 年，故每年应定期施打 1 次。为猫打疫苗也有些禁忌，要考虑到它的年龄、体质和健康状况，若是年龄过小的猫，可能体内还留有母源抗体，所以不适合接种疫苗，最好等幼猫 12 周龄时，体内原有的母源抗体已降到了非干扰程度，再开始施打疫苗。另外，体质差、体力不好的猫，最好先补给足够营养改善好体质后再来接种。

　　生病中的猫不能接种疫苗，以免加重病情或降低免疫效果。让猫接种疫苗最好选在春季或秋季，因为这两季节气候温和，不会过冷或过热，能帮助疫苗发挥作用。怀孕中的猫不能接种疫苗，以免导致死胎、流产或其他不良反应。新买的猫也不宜施打疫苗，要等猫能适应新环境后，并带去给兽医师评估过后再接种。

　　猫打疫苗后的反应非常见，通常在注射后数小时至数天内出现，但最多只会持续数天，表现为注射部位不舒服，轻微发烧，食欲及运动力降低，使用点鼻疫苗的话4～7天会打喷嚏。在注射部位皮下形成小而硬但不痛的肿块，数周后猫的肿胀自然消失。但主人若发现猫身体上出现肿胀物，并且很长时间没有消失，请带猫去宠物医院找医师寻求帮助。

　　猫打疫苗后，很少出现严重反应，如注射疫苗后数分钟到一小时内，发生严重且危及生命的过敏反应；注射疫苗数周或数月后，甚至于更久，在注射部位皮下形成一种称为肉肿的情况。无论猫是何种情况，主人都要尽速与兽医师联系。虽然与疫苗相关的疾病非常少见，但其后果可能会非常严重。

　　猫若被病毒性传染病感染，会造成鼻腔、呼吸道、肺部、眼睛等器官的病症，传染途径包括飞沫、器具等间接感染，生病的猫会出现打喷嚏、发热、流鼻涕、结膜炎、鼻腔阻塞等症状。如果发现此类症状，应尽快带猫去动物医院寻求医师的帮助。除此之外，平日按时接种卡里锡病毒、传染性鼻气管炎等预防传染病的疫苗，也是十分必要的。

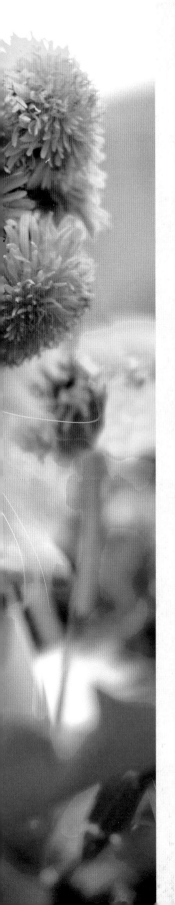

PART 06

猫咪大哉问

许多人与猫相处时，急于建立彼此的亲密关系，因而忽略
了猫的心情。猫有很多面貌，不同的猫会因生长环境及性
格不同而出现明显差异。本单元罗列数十项与猫相关问题
及解答，借此让主人可以更加贴近猫咪的内心。

猫咪吃饭趣

家里猫咪不喜欢吃饭吗？明明已经相处很久了，仍然无法具体掌握猫的胃口，对于此现象百思不得其解。真正的问题根源，其实在于主人对于它们的饮食习惯仍然没有深入了解。赶快进入这个小章节，来看看猫咪有什么特殊的饮食习惯！

我好饿！！

什么时候吃饭？

1

猫的饭量多变，
如何掌握喂食规则？

在喂食猫的时间掌握上，未满五个月的猫每天喂食四五次，分量不要太多；五至十二月时，就要逐步减少至成年猫的喂食量。据研究，猫更喜欢少量多餐，而且还可能随主人的喂食习惯来调整自己的进食规律，因此成年的猫视主宠默契而定，没有硬性规定。不过，猫对食物品质拥有严格要求，必须新鲜，不能被苍蝇叮咬，同时还喜欢食用和自己体温相近的食物。

2

市售猫粮
是猫咪的最佳选择吗？

　　猫粮制造商花费许多人力、物力研究宠物食品，这样用心的成品，确实可以给猫提供健康生长所需的营养成分，一般而言，喂食猫粮已足够。但要特别注意几点，猫喜欢多样化饮食；不同口味的猫粮可以满足它们的要求，还可适时给予新鲜肉、鱼作为饮食调剂；对于只吃干猫粮的猫应随时提供清水，否则可能出现排尿困难的情况；最后一点，切忌喂吃狗粮，因为其中不具备猫必需的营养物质。

3

喂猫的鸡骨头，
为什么要剔除呢？

我要生的骨头

　　野猫喜食野外鸟儿，连皮带骨吞下也不会引起任何不适，甚至还可从小动物的骨骼中获取身体所需钙质，同时啃生骨头还能锻炼牙齿和牙龈。但是，对家猫而言，煮熟的鸡骨可能碎成骨头渣而刺伤肠胃，大一点的骨头还可能卡到喉咙，或扎到牙齿上，让猫难以剔除而痛苦不堪。为了防止猫受伤，最好把骨头剔除再予以喂食。若猫爱吃骨头，可选择牛牛、羊腿骨，较不会造成伤害。

要我吃这个？

4

猫有可能
成为素食主义者吗？

　　猫是众所周知的肉食主义者，很多人在想，如果猫是素食主义者就好了，这样不仅可以为主人减少开支，还能避免猫口中因长期食肉而出现的不良气味。其实，无论如何，猫是不可能拒绝肉类的诱惑而成为素食主义者的。猫若想维持健康，饮食中必须含有一定数量的肉蛋白，蛋白质转化成氨基酸后成为猫生长发育不可或缺的营养素。部分氨基酸能从肉类之外的食物获得，有一些却只存在于肉类，例如一种名为牛黄酸的蛋白质，它是预防失明和某种心脏疾病的必备物品。其他动物可以用别的氨基酸转化成牛黄酸，而猫不能，它必须从肉中才能获取牛黄酸。

5

为什么猫明明已经吃饱却还要抓鸟？

主人要明白的是，猫首先是一种捕猎动物，其次才是我们的宠物，所以无论主人如何精心饲养它们，猫的捕猎本能依然非常强烈而执着。野猫喜欢频繁捕猎，因为必须尽快为下一顿饭做好准备，家猫与饥饿的野猫不同，喜欢在吃饱之后捕食一些比自己小一点的动物，如青蛙、小鸟、田鼠、松鼠或幼兔，甚至昆虫等，目的也只是为了训练一下日渐生疏但是仍然残留于血液中的捕猎本能。

6

为什么猫喜欢把食物拖出食器来吃？

猫把食物拖出宠物碗外面来吃的原因有很多：可能是主人给猫的宠物碗太小，而猫喜欢比它两边胡须稍微宽一点的碗或碟子，不然它就会把食物拖出来吃，或许是宠物碗里有大块肉或骨头，看起来非常像它在野外捕获的猎物，那么猫会本能地把它拖出宠物碗来吃，就如同在野外一样。为了训练猫良好的饮食习惯，主人除了随时保持宠物碗的干净外，可以把它拖出的食物放回盘子并厉声说"不"。

7

为什么猫不喝干净饮用水，却喝水注的脏水？

猫和人类一样，不吃东西可以支撑很久，然而水却是不可或缺的，主人应当随时给它们提供一碗干净的饮用水。对于常吃干猫粮的猫，一碗水更是不可或缺的，因为主食为干猫粮的猫所需要的水分比以罐头为主的猫多七倍。但很多时候，猫又会出现拒绝洁净的饮用水而偏偏喝肮脏水注里的水，这让猫主人头疼不已。出现这种情况，有可能是因为饮用水太凉了，通常来说，猫喜欢和体温接近的食物和饮水。还有一种可能，就是猫对自来水中起净化作用的化学物质非常敏感。细心的猫主人可能发现猫会在几天以后才去喝碗里的水，因为它要等到水里的化学成分挥发之后才喝。

8

为什么
猫会有不明原因的胃口不佳？

　　猫由于不明原因胃口不佳，可能是由于某种食物引起胃部不适而出现的类似反应，目的只是为了避免身体再次不舒服；也可能是因为食具使用时间过长，散发难闻的气味。主人应该进行细心地观察，如果宠物碗出现怪味，则应当彻底清洁宠物碗或者另买新碗。如果猫很长时间没有进食，一定要确保猫有足够的水，以弥补它从食物中应获得的水分；如果猫一直试图进食，但是看起来非常困难，那可能是喉咙或牙齿有疾病，主

9

如果猫咪没有胃口
如何引诱它多吃一些东西？

　　如果猫罹患呼吸系统疾病而影响到它的嗅觉，主人可拿一些香气浓烈的食物来引诱它，如一些味道较浓的食物来刺激猫的味蕾；还可以在日常食物中加些牛肉高汤等。另外，保持它的鼻孔畅通，有利于帮助其恢复胃口，还可以在猫的鼻子上抹上一些食物，让它舔食，或许可以帮助它重开食欲。如果猫还是拒绝进食，则可以把一些食物卷成小小的软球，大概豆子大小，让猫像服药一样服下。记住，不到迫不得已时绝对不可强迫猫进食。

10

猫生病的时候
主人应该给它吃什么呢？

猫在生病的时候，也会像人类一样没有食欲，虽然猫几天不吃东西无碍，但一定要保证不脱水。生病期间，应喂以适量且营养丰富的流质食物，例如牛肉汁、加蜂蜜或葡萄糖的温水，动物医院还有专门的病猫餐，如水解蛋白质等，这些都是非常值得一试的。如果猫身体太虚弱，则可以考虑用注射器，但是这种强迫的进食方法只能喂一点儿，如果猫处在昏迷状态，千万不能强行灌食，以免引起窒息。猫身体逐渐康复的时候，小分量的普通食物可以帮助它恢复力气，尽快让猫正常进食是非常重要的，可以用喜爱的点心来引诱它，保证猫饮食的营养，才是让猫快速康复的基础。

生活中的各种小问题

开车出门猫要放在哪？猫的胡须具备何种功能？为什么猫喜欢抓家具？种种问题在与猫相处的过程中会不停浮上主人心头，这里收集了主人与猫在生活中产生的各式问题并一一解答，希望可以拉近人与猫之间的距离。

1

开车出门时，
应该把猫放在哪里？

应该把猫放到笼子里，即使猫愿意安静坐在车座上或者待在车里，但随意在车里走动的猫对于驾驶者和乘客都是潜在威胁，而且猫本身也有可能受到严重伤害，一个急转弯、急刹车都可能让猫撞到地上或车壁上，甚至一个突如其来的猛烈动作，很有可能吓到猫。即使在旅途中做到绝对安全，在到达目的地后，猫也可能从敞开的车门或车窗贸然跳出，那主人就可能永远失去它了。

2

为什么
有些猫看到客人就跑掉?

　　有些猫一看到家里有陌生的客人就会马上逃到角落,任凭主人怎样呼唤都不肯出来。一般来说,如果猫幼年得到周遭的精心呵护,而且跟人交往不曾有过不愉快,那么,它就没有理由不欢迎家里的到访客人。绝大多数的猫都欢迎新朋友,因为他们带来的新气味或物品可以供它们好好探索一番。如果猫看到陌生人到来突然扭头跑开,主人一定不可强迫猫对人示好,更不要抱着扭动挣扎的猫去见客人,这样反而会导致猫更紧张而四处乱抓。可以等到猫不紧张时,鼓励客人们手里拿一点食物靠近猫,让猫从客人手里取食,还可以让客人轻轻抚摩猫,进而建立良好的互动关系。

3

为什么猫喜欢人腋下的味道？

猫通常会被人体味道吸引，尤其是人体腋下的味道。通常它会先进行嗅闻，然后把下巴和头探到腋下，甚至用鼻子磨蹭出汗的地方，你如果不推开它，它可能会把头一直埋在你的腋下磨蹭。这种行为与猫嗅闻猫薄荷草的反应几乎相同。根据推测，猫在闻到猫薄荷草及人体腋下味道的时候之所以有这样的反应，是因为这两者都有性的味道。此外，还有人观察到猫闻到羊毛脂味道的时候，也会出现类似反应。

4

为什么猫对猫薄荷草异常痴迷？

有些猫对猫薄荷草叶非常痴迷，猫薄荷草会使猫陶醉、沉迷；猫会傻呼呼地把猫薄荷草当玩具来玩，使劲拉拽猫薄荷草的叶子，甚至抛到空中追来追去，猫的这种行为往往会让人们很诧异。根据推测，猫薄荷草之所以让猫激动不已，是因为猫薄荷草中含有一种化学物质，这种物质与未切除卵巢的母猫释放出来的气味非常相似。一般来说，未阉割的公猫比其他猫更容易沉醉在猫薄荷草的神秘味道中。

5

为什么
有时候猫会满屋子绕着跑？

很多主人发现，猫有时会绕着满屋子到处跑，其实这种疯狂的行为常发生在不能经常到户外游玩的猫身上，这是它们释放自身的常用方法。家猫被主人们宠爱有加，非常优闲，除了挪动脚步去吃饭，整日无所事事，因此，猫的能量和张力自然日积月累，直到有一天达到临界点，可能因为一件小事情触动神经，便开始发疯似地满屋子奔跑，拼命地追逐，但转眼之间，它可能又突然停下来，慢慢归于平静。这种疯狂行为也有可能由空气震动所引起，特别是雷雨天时，猫能敏锐地捕捉到种种异常情形，因此会烦躁不安，在房子各个角落跑来跑去，以寻找庇护之所。

6

为什么有些猫
会把浴缸或洗涤槽当厕所？

　　有些猫偶尔会把浴缸或洗涤槽当成厕所，这样的行为原因可能在于来自污水管道的气味让猫误把那些地方当作自己的便盆。还有一个可能，则是浴缸或洗涤槽刚被清洗过，有清洁剂冲下废水管道，而清洁剂里含有与猫尿液气味相似的化学分子，它也会刺激猫在此地排泄。不过这样的行为通常都是短暂的，一旦气味消失，猫就会重新使用往常的厕所。但如果猫坚持用浴缸或者洗涤槽小便，那可能说明猫的便盆被放在了一个它不喜欢的地方，而相对隐密的浴缸四壁和浴室安静的氛围又刚好为猫提供了一个比较良好的排便场所，所以猫的便盆应放在比较隐密的角落，要经常清洗，还不能离它的食具太近。

7

为什么
猫喜欢抓家具？

抓是猫的本能行为，猫通常在物体表面进行抓挠，以磨尖自己的指甲，并标帜自己的领地，因此，如果猫没有办法外出，或者家里没有其他猫伙伴，它很可能就会在家具上乱抓一通，而造成家中家具的损坏。主人为保护自己的宝贝家具，有必要在猫养成抓挠家具习惯时就进行纠正，如果猫一旦喜欢上抓家具，再强迫它改正就没有那么容易了。在猫想要抓挠时，主人可以用报纸卷成一个筒敲打猫的身体，同时厉声说"不"，这样的方法很有效，因为猫很讨厌突如其来的声音。主人还可以用压水枪或喷水壶对着猫的身体喷射几下，但是不可喷头部，这样也能把它吓住。

8

为什么要阻止猫
跳到桌子或厨房流理台上？

有些猫很喜欢站在桌子上居高临下来视察情况，可能是觉得比较好玩，也可能是期待找些好吃的，也许猫主人不介意，但是这样的行为习惯很不值得鼓励。猫跳到桌上，轻微的可能只是把上面的物品损坏，但如果跳到厨房流理台可能就有危险。想阻止猫的这种行为，主人可以严肃地对着它喊"不"，然后轻轻地把它抱到地上。猫会对此严厉的语调有反应，并很快能把"不"和它的错误行为联系起来，以后会慢慢戒掉这种行为。

9

猫喜欢
什么样的拥抱方式？

只有正确的抱姿才能让猫感到安全放心，因此，主人需要知道什么样的拥抱方式才能让猫接受和喜欢。当猫很小的时候，猫妈妈通常会用嘴巴叼咬着幼猫后头的松毛，进而将它拎起来，很多人也喜欢用这种方式来抱起猫，实际上这是一种非常错误的做法。因为在猫成年后，这种做法会使猫颈部肌肉承受过多的压力，对猫而言非常危险。拥抱猫的最佳方式是一只手环在猫前腿下面，另一只手臂弓起托住猫后腿。

10

如何让猫
乖乖地钻进笼子里?

对主人而言,笼子是非常重要的工具,然而,绝大多数的猫都宁愿忍不住要跳进一个比自己身体小一倍的盒子里面,也不愿钻进自己的笼子里;有时它们宁愿被卡在树上,或者身陷四周都是猎犬的环境,也不愿进入猫笼里。其实,让猫适应笼子并非难事,如果想要轻松地让它适应猫笼,主人在家时可以把猫笼的门敞开,让猫闲暇时间能钻进去探索一番,并且在笼子里放上猫喜欢的玩具,让它充分感觉这是生活空间的一部分。主人出门时,如果猫挣扎着不肯进猫笼,可以先用毛巾或者软布将它包裹起来,防止被抓伤,然后再坚决地把猫放进笼子里面,同时温柔地说些抚慰性的话语。

11

为什么猫
不喜欢抽烟喝酒的主人？

　　猫绝对不会喜欢有着让它头疼的生活方式的主人。猫不喜欢抽烟的主人，因为嗅觉灵敏，它们非常不喜欢烟味，许多猫一闻到烟味就会立刻起身走出房间，就算有很多猫能够逐渐容忍烟味，但对本身有呼吸系统疾病的猫，吸入烟雾只会加重它们的病情。猫不喜欢主人播放嘈杂音乐，它的耳朵异常灵敏，最细微的声音都能引起它们警觉，即使在梦中也不例外，人类所能听到的音频比猫低，不知道其实猫非常讨厌这种过于喧嚣高亢的声音。另外，酒精不能吸引猫，正常来说，猫是滴酒不沾的，如果主人把酒瓶到处乱放，让猫无意间长期饮用，可能会培养出一只嗜酒成瘾的猫。

猫的身体小密码

猫的胡须有什么功能？它的呼噜声代表何种意思？生病会传染给人吗？每年都应该
注射疫苗吗？很多关于猫身体的小问题，主人都想知道发生原因，这个小节收录了
许多与猫身体健康相关的解答，一解主人心中的疑惑。

我的胡须有很多功能哦！

1

猫的胡须
有什么重要的功能吗？

　　猫的胡须特别敏感而有用，可以帮助它
做很多事。在黑夜行走时，胡须可以当作天
线，以免撞到家具或硬物；准备起跳时，胡
须可以用来感触和判断风速和方向；猫还可
以用胡须来测量洞口宽度，以避免身体被卡
住；还能将胡须弯到前面去接触刚杀死的猎
物，确认其是否完全死亡，再决定放开或吃
掉它；胡须能帮助猫确定气味的来源，还可
以用来欢迎别的伙伴，传递感情。

2

什么是
猫的第三重眼睑？

猫的眼睛内眼角有一层浮动的薄膜，这层膜就是猫的第三重眼睑，作用在于保护猫的眼睛。猫如果感觉到光线过于强烈，这层膜就会覆盖住部分眼睛，用来过滤眩目的强光而保护眼睛，还能保证眼睛不受灰尘和颗粒的伤害。在很多情况下，这层膜只有在猫体力不支、生病或病后康复后期才能看到，为了给猫提供必要的能量，眼睛周围储存用以保护眼睛受撞击的脂肪就会分解掉，眼睛因此深陷而被这层膜部分覆盖，我们也就可以看到它。这层膜的出现不仅可以保护眼睛，更能让我们及早发现猫的病情。

3

猫的
呼噜声是什么情况？

猫在很多时候都会发出呼噜声，这在爱猫人士听来，是非常开心的一件事，因为猫的呼噜声意味着平静、幸福，代表它在全心享受快乐，对生活非常满足。小猫刚生下来不能看，也不会打呼噜，只会凭借气味寻找妈妈，几天之后，随着感官逐渐发育，它们开始辨识妈妈的呼噜声，并同样以呼噜声来回应。虽然猫的呼噜声似乎象征美好、平和，但其实，猫在捕猎、身体疼痛和心理紧张时，也会情不自禁发出呼噜声。

4

为什么
猫喜欢抓自己？

猫喜欢抓自己是常见习性，抓身体通常是因为有跳蚤。喷剂和杀蚤粉都很有效，却不易涂抹使用，遇到下雨便很容易被冲得无影无踪，需要经常喷涂。使用杀蚤粉时，一定要严格按照说明书上的推荐用量使用，切忌在小猫身上直接涂抹此类产品。跳蚤成虫和卵还会寄居在地毯、家具，尤其是猫的寝具里，这些地方一定要兼顾到。猫抓身体还可能因为身上有扁虱，扁虱一定要用酒精杀死后再用镊子拔除，否则，它的口器会残留在猫体内，引起脓肿。如果猫不停抓咬身体某部位，表示那里可能发生问题了，主人应该仔细检查，若发现异常，应该立刻征询医生意见并尽快治疗。

5

在家里
如何帮猫做简单的体检?

首先可检查猫的牙齿和牙龈,健康猫牙呈白色,牙龈和上颚呈粉红色,如果牙齿牙龈发黄,或者有难闻气味,可以咨询医生。其次可以给猫测量体温,正常健康的猫体温应该在 38 ~ 39℃,测量时要在体温计上涂抹一些凡士林油膏,再拉起猫的尾巴,把温度计轻轻插入猫肛门约 3 厘米处,稍微向上抬起温度计,以便让它能接触到猫的直肠壁,保持这个姿势 1 分钟,然后取出体温计,擦干净之后就可以看数字。

6

猫应该
每年都注射疫苗吗?

猫必需每年注射疫苗,这样可以预防猫科传染性肠炎和上呼吸道疾病的发生。猫科传染性肠炎是传染性极强、杀伤力极高的疾病,它能侵害猫的消化系统,这种病毒的侵害速度非常快,通常是症状被发现时,猫已经无药可治了。上呼吸道疾病则是一系列不同病毒的统称,这些病毒有着非常相似的症状,包括没食欲或食欲不佳、打喷嚏、结膜炎等,如果没有及时引起足够的重视,就可能发展成肺炎,甚至危及到猫的性命。

7

猫尾巴的
不同姿势代表了什么意思?

猫细长而灵活的尾巴是用来表达各种情绪和反应的工具,猫喜欢使用这个工具,甚至在睡梦中都不忘摇摇尾巴。如果猫尾巴翘得高高的,并且伸得笔直,那表示它在欢迎你,猫此刻的心情是放松又舒服的;在被人轻轻抚摸时,猫的尾巴通常会颤抖,这代表它非常愉快并尽情享受;猫在扑向猎物时,尾巴通常都垂在地上,以免惊动猎物,但如果在抓捕猎物时面临两难的选择,猫的尾巴会摇摆个不停;此外,猫在睡眠中有时候尾巴会突然竖翘起来,不要紧张,这时候猫咪正在做梦。总之,猫的尾巴也是猫表达情感的一种工具,你可以通过观察猫的尾巴动向来揣测猫的心理变化。

8

猫的病
会传染给人吗?

　　能通过动物传染给人的疾病,其中最恶名昭彰的就是狂犬病。不过人类不易从宠物身上传染该病,被猫传染的可能性更是极小,但是,猫身上的其他病菌和病毒可能会传染给人。弓浆虫是生肉中常见的寄生虫,猫吃了生肉,感染后可能会通过粪便传染给人,对儿童和孕妇尤其危险。因此,卫生清洁工作必须做好,在整理和清洗猫便盆的时候,一定要记得戴上手套。蛔虫、跳蚤、虱子和猫毛里面的虫,有时也能从猫身上传染给人,可能会导致人类皮肤发炎,如红斑、发痒等,当然,这类疾病治疗起来非常容易,但为了一个卫生良好的生活环境,最好能让猫远离这些东西。

9

是不是
一定要给猫戴项圈？

　　给猫戴项圈原因有二：一、如果猫不幸走失，项圈可以确认主人身份；二、帮助猫摆脱跳蚤侵扰。另外，有小铃铛的项圈可以阻止猫抓捕小鸟。不过，最好在猫幼年时便让它习惯配戴项圈，不然等到猫成年后，配戴较困难。帮猫戴项圈，不可将过紧的项圈用力往猫的头上套，这可能让它感觉受威胁，甚至会畏惧退缩；一定要选择伸缩性较大的项圈，以确保即使项圈被东西挂住，猫也不至于被勒住脖颈而出现意外情况。选择项圈时，主人可以先用手试，确保项圈能轻松插入人的两根手指头，最好不要选择那种能防跳蚤的项圈，因为其中除跳蚤的药性对幼猫和人类都有一定的危害。

10

猫
到底有多聪明?

　　把猫的智力和人类对比是毫无意义的, 不过从猫能够很快适应环境、在恶劣的条件下自我防护、把劣势转化为对自己有利的条件等因素来看, 猫的确是有智慧的动物。猫是眼光敏锐的观察者, 生性好奇, 它会在主人转身离去时, 再去偷吃餐桌上的火腿, 它能很快意识到开罐器的声音和摇晃盒子的沙沙声意味着有好吃的, 而小孩子的尖叫声则是提醒自己要赶快逃掉或是藏到桌子下面。另外, 就生存本领来说, 猫能力远高于其他宠物。

11

为什么在爱抚猫时
会遭到猫的突然袭击?

　　猫前一秒钟还安静地接受抚摸; 转眼之间却性情大变, 伸出爪子乱抓一通, 对着抚摸它的手张嘴就咬, 要不干脆就逃到角落里, 其实, 这是因为猫的心境突然发生了变化。猫可能刚开始还喜滋滋地坐在人的膝盖上, 尽情享受爱抚, 陶醉其中, 但一旦被人爱抚的愿望得到满足, 猫就会立刻回到现实, 错以为那只伸过来的手会打它、限制它, 于是出于自卫, 便会立刻从人的膝盖跳起, 挥起爪子向抚摸它的人抓去。